서울교대 스토리텔링

2학년

수학 친구

서울교대 초등수학연구회(SEMC) 글 | 엔싹(이창우, 류준문) 그림

녹색지팡이

머리말

수학은 오랜 역사를 통해 발전되어 온 자연의 법칙을 이해하는 언어이며 지적 발달의 도구로 입증된 주요 과목입니다. 하지만 안타깝게도 전 세계의 사람들은 대부분 수학을 어려워하고 싫어합니다.

저는 어떻게 하면 우리 아이들이 수학 속의 참 재미를 알고 수학을 쉽게 공부할 수 있을지 고민하고 연구해 왔습니다. 그리고 오랜 연구 끝에 수학을 재미있게 공부하려면 다음과 같은 것들이 중요하다는 결론을 얻게 되었습니다.

첫째, 수학을 본격적으로 접하는 초등학교 때부터 올바른 공부법을 몸에 익혀야 합니다. 주변에서 흔히 수학을 제대로 공부하기 전부터 숫자 쓰기, 계산 문제 등으로 아이들의 흥미를 잃게 만드는 경우를 볼 수 있습니다. 수학은 계산을 잘하는 능력이 아닌, 원리와 개념을 제대로 이해하고 그것을 응용하는 능력을 기르는 과목입니다. 자칫 계산 능력과 문제 풀이에 지나치게 집중하다가는 수학에 흥미를 잃고 말 것입니다.

둘째, 시간이 걸리더라도 아이가 혼자서 곰곰이 생각해 보고, 스스로 문제를 해결하는 것이 중요합니다. 선생님이나 부모님은 먼저 가르치려고 하기보다 아이들이 스스로 이해하고 문제를 해결할 수 있도록 도와주어야 합니다.

셋째, 아이들 스스로가 수학의 참 재미를 알아야 합니다. 세계 3대 수학자 중 한 사람인 가우스는 말을 배우기 전부터 스스로 계산하는 법을 깨우쳤고, 5세에 아버지의 계산 장부에서 틀린

것을 바로잡았다고 합니다. 그리고 18세에 평생 수학을 공부하겠다는 결심을 한 뒤 일기를 쓰기 시작했는데, 이것이 그 유명한 가우스의 수학 일기입니다. 가우스의 일기 속에는 새로운 수학적 사실의 발견에 기뻐하는 내용이 많다고 합니다. 이처럼 힘든 고민을 거듭하다 스스로의 힘으로 문제를 해결했을 때 아이들은 수학의 참 재미와 뿌듯함을 느끼게 됩니다.

   이 책은 이러한 결론들을 반영하여 만들었습니다.

   단순한 계산이나 반복적인 문제 풀이가 아닌, 생활 속 이야기들로 수학의 개념과 원리를 자연스럽게 이해하고, 스스로 문제를 해결해 볼 수 있도록 구성하였습니다. 이 책을 혼자서 차근차근 읽어 나가는 사이, 아이들은 자신도 모르게 수학의 참 재미를 느끼게 될 것입니다. 또한 이 책은 교육 과정에서 다루는 1년 단위의 수학 속 개념을 영역별로 묶어 통째로 이해할 수 있도록 만들었기 때문에, 한 영역에서 부족한 부분이 있는 아이들과 다음 단계를 미리 공부하고 싶은 아이들 모두가 효과적으로 활용할 수 있습니다. 이 책을 통해 모든 어린이들이 수학에 더 큰 재미를 느끼고 신 나게 공부하기를 바랍니다.

2013년
서울교육대학교 총장
신항균

2학년 수학 친구, 이렇게 활용해요!

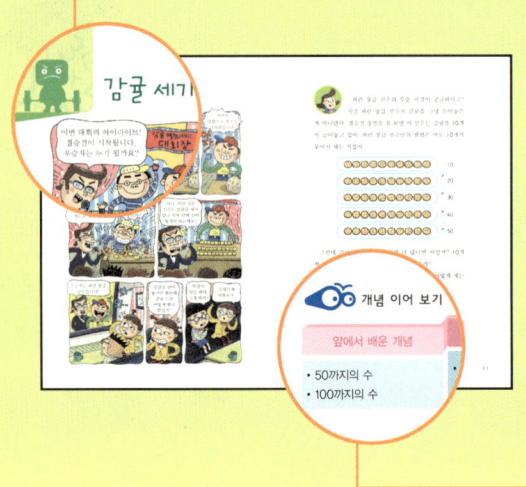

신 나게 개념 열기
재미있는 만화로 생활 속에서 일어나는 여러 가지 일을 수학적으로 어떻게 해결할지 예측해 보고, 선생님의 친절한 해설을 통해 앞으로 배울 개념을 미리 살펴봐요.

개념 이어 보기
해당 수학 영역 안에서 수학 개념의 흐름을 보고 스스로 부족한 부분과 더 배워야 할 부분을 한눈에 알 수 있어요.

쏙쏙 들어 오는 수학 개념
선생님이 들려주는 생생한 이야기와 친절한 그림 설명을 통해 어렵게만 느껴지던 수학 개념이 머릿속에 쏙쏙 들어와요. 중간중간에 선생님이 내는 수학 문제도 직접 해결해 볼 수 있어요.

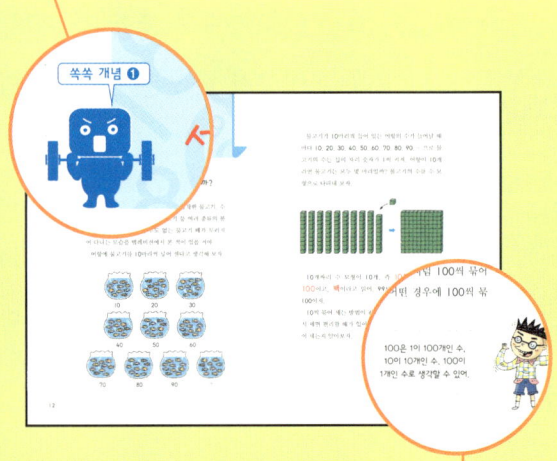

모자란 1%까지 채워 주는 도움말
선생님과 친구들의 대화를 통해 중요한 개념은 다시 한 번 정리하고, 헷갈리거나 더 궁금해 할 만한 내용을 시원하게 해결해 줘요.

실력이 탄탄해지는 확인 문제

스토리텔링 형식의 여러 가지 활동을 통해 앞에서 익힌 개념을 스스로 확인하고 점검해요. 서술형 문제로 사고력과 문제 해결력도 키워요.

핵심을 콕콕 찍는 힌트

스스로 문제 해결이 어려울 때 도움이 되고, 중요한 개념을 다시 한 번 정리할 수 있어요.

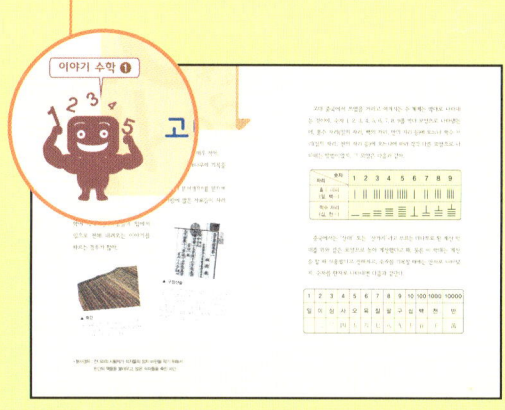

볼수록 궁금한 수학 이야기

숫자의 기원부터 천재 수학자의 숨겨진 이야기까지, 타임머신을 타고 과거 여행을 떠난 것처럼 수학의 역사와 관련된 흥미로운 이야기로 지식을 더욱 넓혀요.

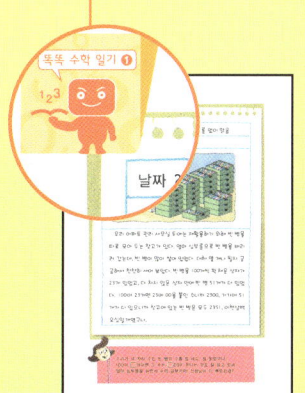

더 똑똑해지는 수학 일기

그림 일기, 마인드맵, 신문 스크랩 등을 이용한 수학 일기를 써 보면서 수학 개념을 완벽하게 자신의 것으로 만들 수 있어요.

차례

세 자리 수와 네 자리 수

쏙쏙 개념 ❶ 세 자리 수 …… 12
쏙쏙 개념 ❷ 네 자리 수 …… 20
이야기 수학 ❶ 고대 중국의 숫자 …… 26
똑똑 수학 일기 ❶ 빈 병 재활용 …………… 28

덧셈과 뺄셈

쏙쏙 개념 ❸ 두 자리 수의 덧셈 …… 32
쏙쏙 개념 ❹ 두 자리 수의 뺄셈 …… 40
이야기 수학 ❷ 덧셈과 뺄셈의 규칙으로 나타낸 로마 숫자 …… 52
똑똑 수학 일기 ❷ 엄마와 아빠의 결혼기념일 …………… 54

곱셈과 구구단

쏙쏙 개념 ❺ 곱셈과 곱셈식 …… 58
쏙쏙 개념 ❻ 곱셈구구 …… 66
이야기 수학 ❸ 손가락 구구 …… 76
똑똑 수학 일기 ❸ 신기한 마술 공연 …………… 78

여러 가지 도형과 쌓기나무

쏙쏙 개념 ❼ 여러 가지 도형 …… 82
쏙쏙 개념 ❽ 쌓기나무 …… 92
이야기 수학 ❹ 기하학의 아버지, 유클리드 …… 98
똑똑 수학 일기 ❹ 최고가 낸 문제를 알아맞히다! …………… 100

길이 재기와 시간

- 쏙쏙 개념 ❾ 길이 재기 ······ 104
- 쏙쏙 개념 ❿ 시각과 시간 ······ 116
- 이야기 수학 ❺ 자연을 이용해 만든 달력 ······ 124
- 똑똑 수학 일기 ❺ 즐거운 바다낚시 ······ 126

규칙 찾기 · 분류하여 표 만들기

- 쏙쏙 개념 ⓫ 규칙 찾기 ······ 130
- 쏙쏙 개념 ⓬ 분류하기 ······ 134
- 쏙쏙 개념 ⓭ 표와 그래프 ······ 136
- 이야기 수학 ❻ 파스칼과 계산기 ······ 142
- 똑똑 수학 일기 ❻ 수리 할머니 생신 잔치 ······ 144

공부를 도와줄 2학년 수학 친구들

표은아 선생님
상냥하고 밝은 성격으로 아이들에게 인기가 많고, 수학의 역사에 대한 지식이 많아 파스칼 선생님으로 불린다. 자연에서 규칙 찾기를 좋아하고, 학생들과 다양한 체험을 하며 그 속에서 수학의 개념을 쉽게 설명한다.

박수리
숫자 계산이 빠르고 어떤 문제든 스스로 해결하려고 한다. 상식이 풍부하고 수학에도 자신이 있어서 가끔 잘난 척을 한다. 표은아 선생님과 다양한 체험을 하며 새로운 문제들을 고민하는 즐거움에 푹 빠져 있다.

김지수
남자 아이들이 자기를 좋아할 거라는 엉뚱한 착각에 잘 빠지는 새침떼기. 거울 보기를 좋아하고, 태권도를 잘한다. 수학을 조금 어려워하지만, 먹는 것과 관련하여 설명해 주면 금방 이해한다.

한눈에 훑어보는 2학년 수학

이 책에는 어떤 수학 개념들이 등장하는지, 새로 바뀌는 교과서와 어떻게 연계되는지 한눈에 볼 수 있어요. 교과서만 보고 이해가 되지 않는 개념을 이 책에서 찾아보세요.

영역	이 책의 구성	주요 개념	새 교과 연계
수와 연산	세 자리 수와 네 자리 수	- 세 자리 수(몇백, 몇백몇십몇) - 네 자리 수(몇천, 몇천몇백몇십몇) - 수의 크기 비교	2-1 세 자리 수 2-2 네 자리 수
수와 연산	덧셈과 뺄셈	- 받아올림이 있는 두 자리 수의 덧셈 - 여러 가지 방법의 덧셈 - 받아내림이 있는 두 자리 수의 뺄셈 - 여러 가지 방법의 뺄셈 - 덧셈식을 뺄셈식으로, 뺄셈식을 덧셈식으로 바꾸기 - 세 수의 계산	2-1 두 자리 수의 덧셈과 뺄셈
수와 연산	곱셈과 구구단	- 묶어 세기 - 몇의 몇 배 - 곱셈식 만들기 - 2~9의 단 곱셈구구 - 1의 단 곱셈구구와 0의 곱셈	2-1 곱셈 2-2 곱셈구구
도형	여러 가지 도형과 쌓기나무	- 원, 삼각형, 사각형 - 꼭짓점과 변 - 오각형과 육각형 - 쌓은 모양 보고 똑같이 쌓기 - 쌓기나무로 여러 가지 모양 만들기	2-1 여러 가지 도형 2-2 규칙 찾기
측정	길이 재기와 시간	- 몸을 이용하여 길이 재기 - 물건을 이용하여 길이 재기 - 단위길이의 비교 - 자로 길이 재기 - 길이 어림하기 - 1cm, 1m - 길이의 합과 차	2-1 길이 재기 2-2 시각과 시간
규칙성	규칙 찾기	- 수의 규칙 찾기 - 여러 가지 물체, 무늬에서 규칙 찾기	2-2 규칙 찾기
확률과 통계	분류하여 표 만들기	- 기준에 따라 분류하기 - 자료 조사하기 - 표 만들기 - 그래프로 나타내기	2-1 분류하기 2-2 표 만들기

감귤 세기 대회

 파란 장갑 선수의 우승 비결이 궁금하다고? 사실 파란 장갑 선수가 감귤을 그냥 늘어놓은 게 아니란다. 결승전 장면을 잘 보면 이 선수는 감귤을 10개씩 늘어놓고 있어. 파란 장갑 선수만의 셈법은 바로 10개씩 묶어서 세는 거였어.

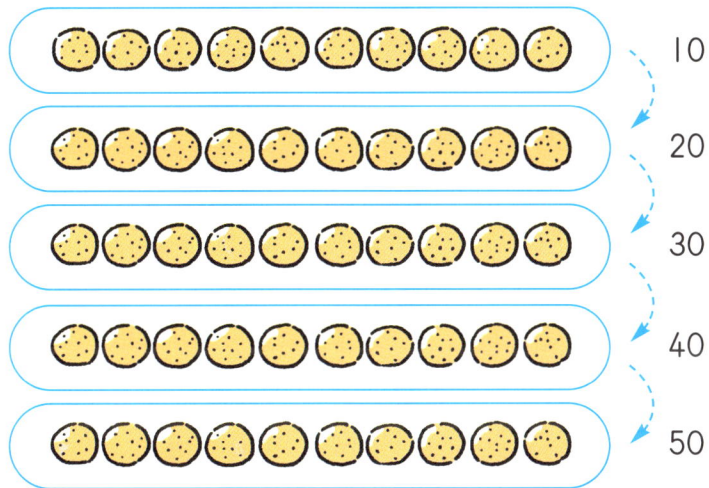

그런데 감귤이 100개보다 훨씬 더 많다면 어떨까? 10개씩 묶어서 세는 것보다 더 쉬운 방법은 없을까?

100보다 훨씬 큰 수는 어떤 수인지, 큰 수는 어떻게 세는 것이 좋을지 함께 알아보자.

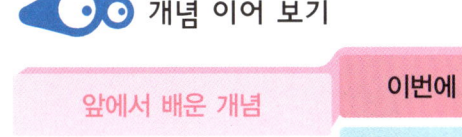 개념 이어 보기

앞에서 배운 개념	이번에 배울 개념	뒤에서 배울 개념
• 50까지의 수 • 100까지의 수	• 세 자리 수 • 네 자리 수	• 다섯 자리 이상의 수 • 분수와 소수

쏙쏙 개념 1

세 자리 수

2학년 1학기
세 자리 수

100마리 넘는 물고기는 어떻게 셀까?

바닷속에는 줄무늬가 있는 물고기, 납작한 물고기, 수염이 긴 물고기, 입이 뾰족한 물고기 등 여러 종류의 물고기들이 살고 있어. 셀 수도 없는 물고기 떼가 무리지어 다니는 모습을 텔레비전에서 본 적이 있을 거야.

어항에 물고기를 10마리씩 넣어 센다고 생각해 보자.

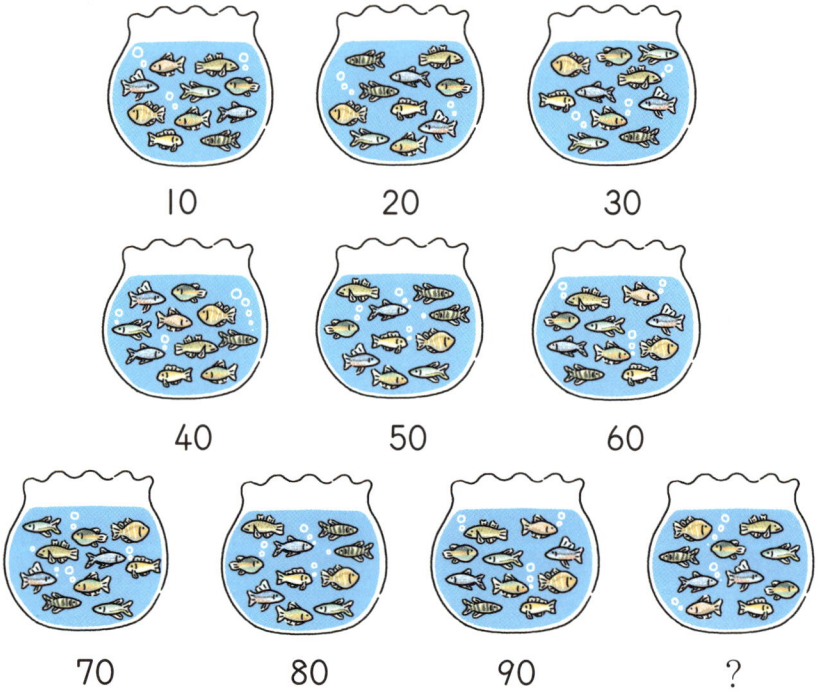

물고기가 10마리씩 들어 있는 어항의 수가 늘어날 때마다 10, 20, 30, 40, 50, 60, 70, 80, 90, … 으로 물고기의 수는 십의 자리 숫자가 1씩 커져. 어항이 10개라면 물고기는 모두 몇 마리일까? 물고기의 수를 수 모형으로 나타내 보자.

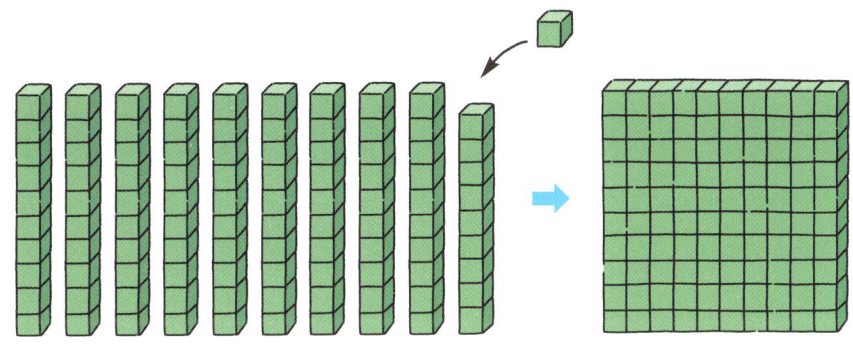

10개짜리 수 모형이 10개, 즉 **10씩 10묶음**은 **100**이고, **백**이라고 읽어. 99보다 1 큰 수가 바로 100이지.

10씩 묶어 세는 방법이 편리했던 것처럼 100씩 묶어서 세면 편리할 때가 있어. 그럼 어떤 경우에 100씩 묶어 세는지 알아보자.

> 100은 1이 100개인 수, 10이 10개인 수, 100이 1개인 수로 생각할 수 있어.

즐거운 과자 파티 시간! 바다 동물 모양 과자를 100개씩 담았어. 두 접시에 담긴 과자는 모두 몇 개일까?

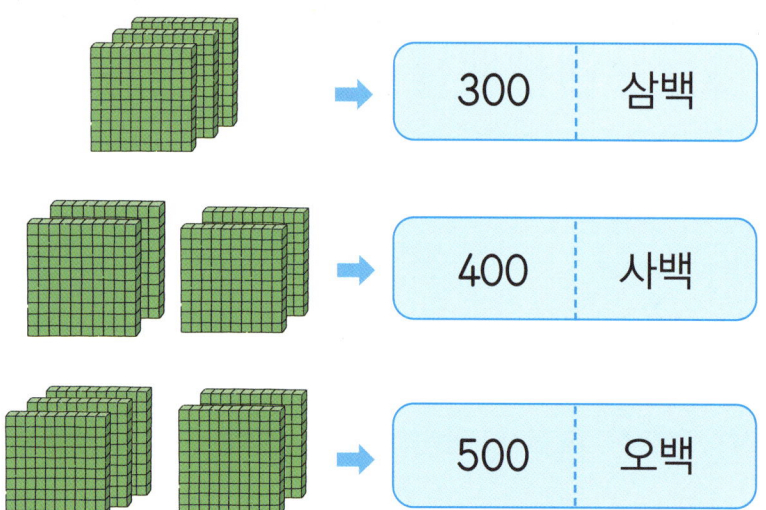

100개씩 2접시는 200개   100이 2이면 200(이백)

접시가 하나씩 늘어날 때마다 과자는 100개씩 늘어나겠지? 이것을 수 모형으로 나타내 보자.

	300　삼백
	400　사백
	500　오백

100, 200, 300, 400, 500,…으로 십의 자리 앞의 숫자가 1씩 커지지?

십의 자리 바로 앞의 자리를 **백의 자리**라고 해. 다시 말해, 백의 자리 숫자가 1씩 커질 때마다 100, 200, 300, 400, 500,…으로 100씩 커지는 거야.

몇백을 알아보자.
100이 1이면
➜ 100(백)
100이 2이면
➜ 200(이백)
100이 3이면
➜ 300(삼백)
100이 4이면
➜ 400(사백)
100이 5이면
➜ 500(오백)
100이 6이면
➜ 600(육백)
100이 7이면
➜ 700(칠백)
100이 8이면
➜ 800(팔백)
100이 9이면
➜ 900(구백)

과자는 몇백몇십몇 개?

100개짜리 과자 두 접시와 먹다 남은 과자가 있어. 이것을 수 모형으로 나타냈더니 다음과 같았어.

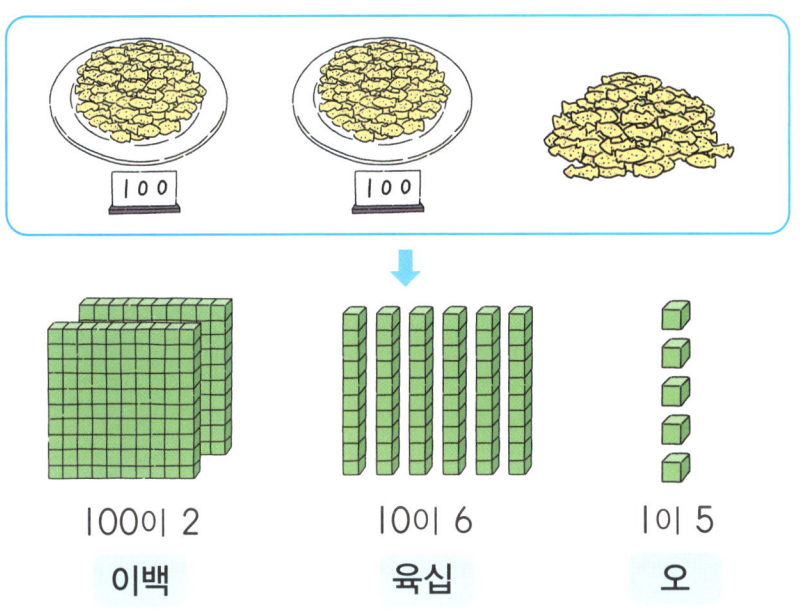

100이 2
이백

10이 6
육십

1이 5
오

과자의 수는 100이 2, 10이 6, 1이 5이므로 **265**로 쓰고, **이백육십오**라고 읽어.

이때 265에서 2는 백의 자리 숫자이고, 200을 나타내. 6은 십의 자리 숫자이고, 60을 나타내지. 또 5는 일의 자리 숫자이고, 5를 나타낸단다. 이런 몇백몇십몇을 **세 자리 수**라고 해.

백의 자리	십의 자리	일의 자리
2	6	5
2	0	0
	6	0
		5

자리의 숫자가 0일 때는 그 자리를 읽지 않아.

406
➔ 사백육(○)
  사백영육(✕)

510
➔ 오백십(○)
  오백십영(✕)

어떤 과자가 더 많을까?

바다 동물 모양 과자를 물고기 모양과 오징어 모양으로 나누어 세었더니, 다음과 같았어.

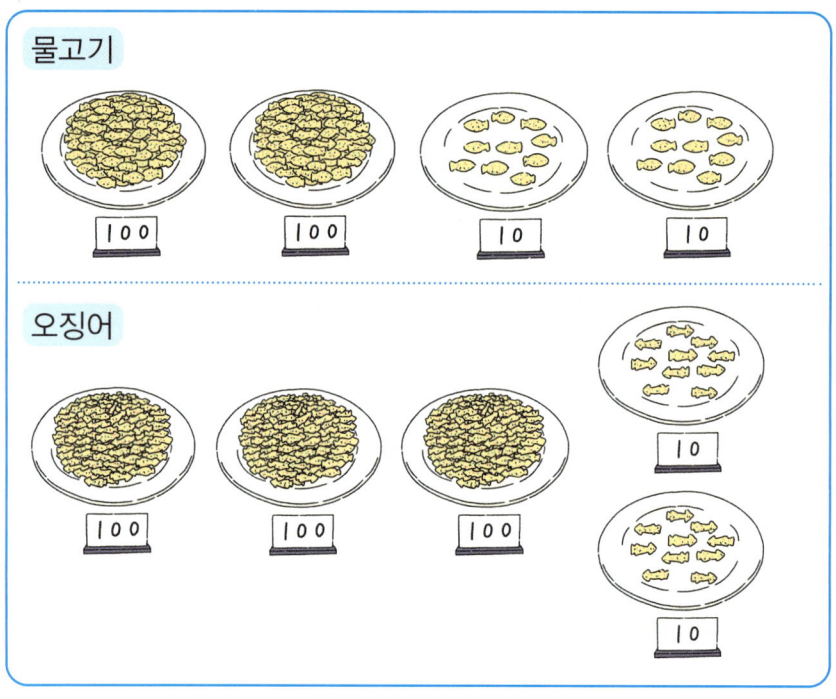

437과 428처럼 백의 자리 숫자가 같을 때는 십의 자리 숫자끼리 비교하고, 십의 자리 숫자도 같으면 일의 자리 숫자끼리 비교하면 돼.

어떤 과자가 더 많니? 눈으로 봐도 오징어 과자가 더 많다는 걸 알 수 있어. 정확히 과자의 수를 세어 비교해 보자. 물고기 과자는 100이 2, 10이 2로 220개, 오징어 과자는 100이 3, 10이 2로 320개야. 세 자리 수를 비교할 때는 백의 자리 숫자부터 비교해 봐. 220의 2와 320의 3을 비교하면 3이 더 크니까 220보다 320이 더 큰 수란다.

220 < 320

세 자리 수 중 가장 큰 수인 999로 세 자리 수의 자릿값에 대해 좀 더 살펴볼까?

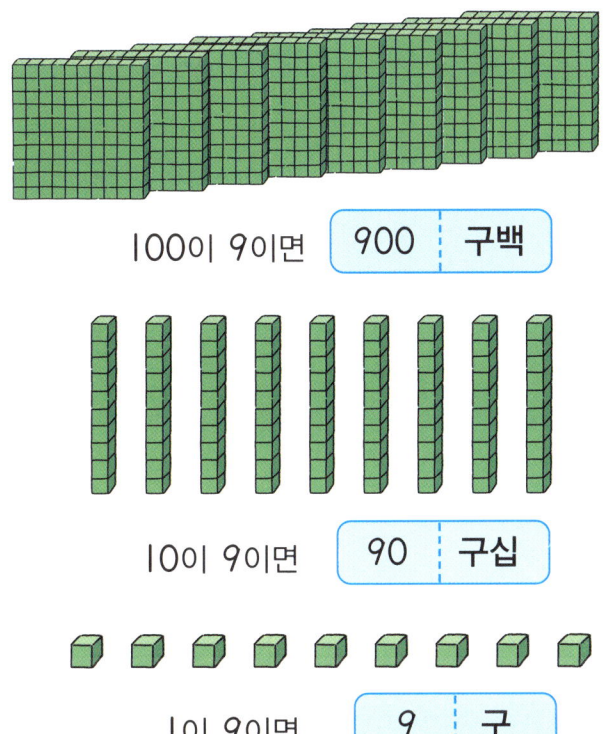

100이 9이면   900 | 구백

10이 9이면   90 | 구십

1이 9이면   9 | 구

999의 숫자 9는 위치에 따라 그 크기가 달라. 백의 자리에 있는 9는 900, 십의 자리에 있는 9는 90, 일의 자리에 있으면 9를 나타내지.

그럼 999 다음의 수는 무엇일까? 999 다음 수, 그러니까 999보다 1 큰 수는 **1000**으로 쓰고 **천**이라고 읽는단다.

백의 자리	십의 자리	일의 자리
9	9	9
9	0	0
	9	0
		9

999는 900+90+9라고 할 수 있어.

탄탄 실력 ❶

숫자판과 동전 딱지로 게임을 해 보자. 1부터 9까지의 숫자가 있는 숫자판에 100원, 10원, 1원짜리 동전 모양 딱지를 만들어서 각각 하나씩 던져 나오는 수로 세 자리 수를 만드는 거야.

4	3	1
7	8	9
6	5	2

❶ 수리가 동전을 던져 나온 수가 다음과 같을 때 빈칸을 알맞게 채워 보자.

동전	나온 수
100원	6
10원	1
1원	2

→ 612

동전	나온 수
100원	
10원	
1원	

→ 548

❷ [서술형] 두 사람 중에 누가 이겼는지 말해 보고, 이유를 설명해 보렴.

꽃 가게 아저씨가 새벽 시장에서 꽃을 사고 계셔. 장미꽃은 100송이씩, 해바라기는 10송이씩 다발로 살 수 있지.

① 서술형 장미꽃을 5다발 샀다면 장미꽃은 모두 몇 송이인지 쓰고, 왜 그렇게 썼는지 설명해 보자.

② 서술형 해바라기도 7다발 샀다면, 해바라기는 모두 몇 송이인지 써 보자. 또 아저씨가 산 장미꽃과 해바라기는 모두 몇 송이인지 설명해 보렴.

핵심 콕콕

- 100씩 뛰어서 세면 백의 자리 숫자가 1씩 커진다.
  ➔ 100-200-300-400-500-600-700-800-900
- 10씩 뛰어서 세면 십의 자리 숫자가 1씩 커진다.
  ➔ 910-920-930-940-950-960-970-980-990

쏙쏙 개념 ❷

네 자리 수

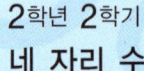

2학년 2학기
네 자리 수

999가 넘는 수는?

달콤한 팥과 고소한 호두의 맛이 일품인 호두과자 가게가 있어. 하루에도 수백 개가 넘는 호두과자를 만들지. 이 가게에서는 호두과자가 100개씩 들어가는 상자에 호두과자를 담아서 판대. 호두과자 100개짜리 상자가 10개면, 호두과자는 모두 몇 개일까?

1000은 1이 1000인 수,
10이 100인 수,
100이 10인 수,
1000이 1인 수야.

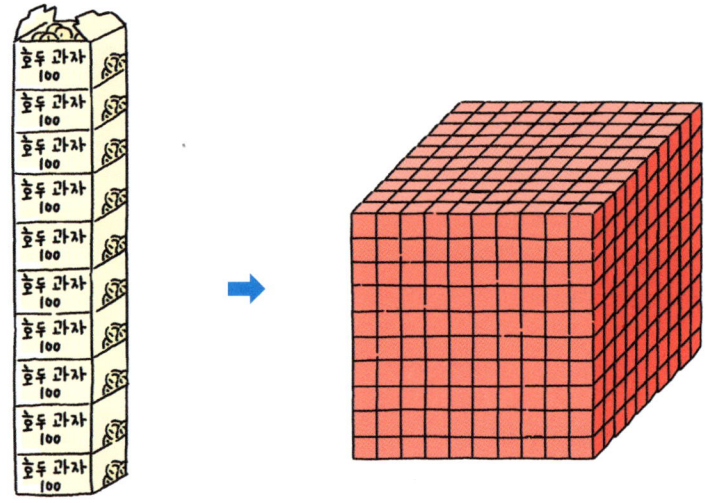

100이 10개면 **1000**으로 쓰고, **천**이라고 읽어. 앞에서 나왔지만, 1000은 999보다 1 큰 수야.

알록달록 종이학을 접어 유리병에 1000마리씩 담았어.

1000마리씩 1병은 1000마리

1000마리씩 2병은 2000마리

1000마리씩 3병은 3000마리

몇천을 알아보자.

1000이 1이면
→ 1000(천)
1000이 2이면
→ 2000(이천)
1000이 3이면
→ 3000(삼천)
1000이 4이면
→ 4000(사천)
1000이 5이면
→ 5000(오천)
1000이 6이면
→ 6000(육천)
1000이 7이면
→ 7000(칠천)
1000이 8이면
→ 8000(팔천)
1000이 9이면
→ 9000(구천)

유리병이 1개씩 늘어날 때마다 종이학은 1000마리씩 늘어나. 1000, 2000, 3000, 4000, 5000,… 으로 백의 자리 앞의 숫자가 1씩 커지지. 백의 자리 바로 앞의 자리를 **천의 자리**라고 한단다.

종이학이 몇천몇백몇십몇 개!

종이학이 1000마리씩 들어 있는 유리병 2개와 437마리가 있을 때 종이학의 수를 수 모형으로 나타내 보자.

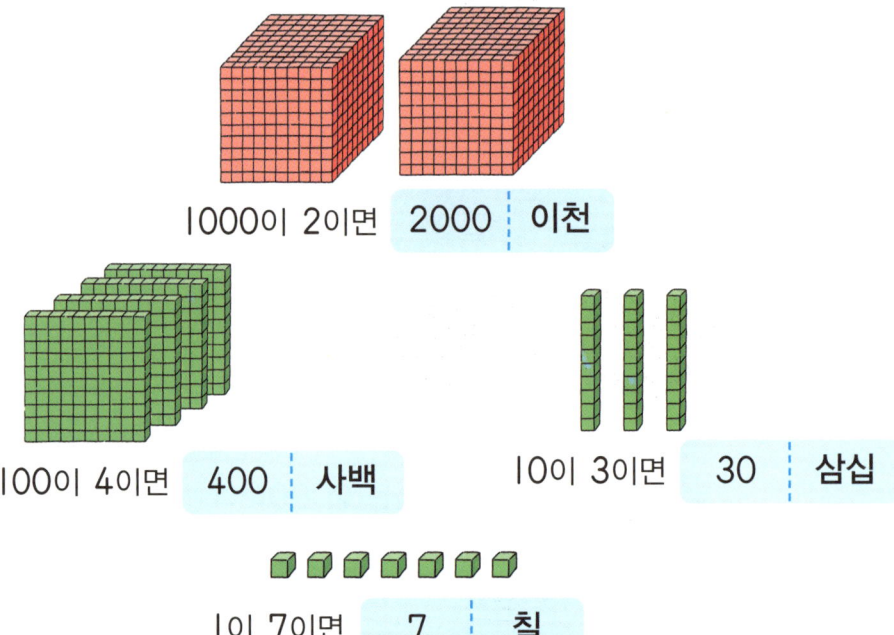

네 자리 수도 자리의 숫자가 0인 경우에는 그 자리를 읽지 않아.

5050 ➡ 오천오십
9800 ➡ 구천팔백

종이학의 수는 1000이 2, 100이 4, 10이 3, 1이 7이므로 **2437**로 쓰고 **이천사백삼십칠**이라고 읽어.

2437에서 2는 천의 자리 숫자이고 2000을 나타내. 4는 백의 자리 숫자이고 400, 3은 십의 자리 숫자이고 30, 7은 일의 자리 숫자이고, 7을 나타낸단다. 이런 몇천몇백몇십몇의 수를 **네 자리 수**라고 해.

천의 자리	백의 자리	십의 자리	일의 자리
2	4	3	7
2	0	0	0
	4	0	0
		3	0
			7

어느 것이 더 많을까?

양로원에 계신 할머니, 할아버지께 맛있는 호두과자를 드렸더니 너무 좋아하셔서 그 다음에도 호두과자를 드렸지. 양로원에 처음 가져간 호두과자 개수와 다음에 가져간 호두과자 개수를 수 모형으로 나타내 보았어.

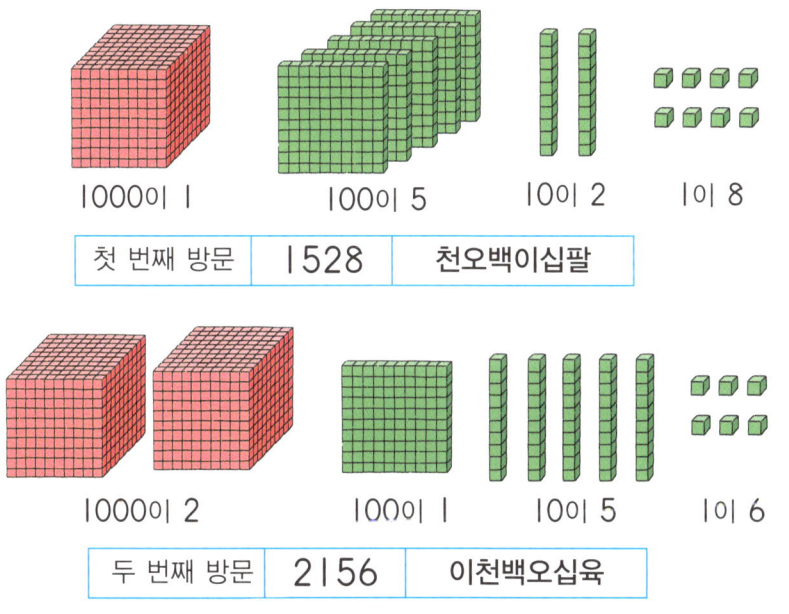

호두과자를 더 많이 가져갔을 때는 언제이니? 네 자리 수를 비교할 때는 천의 자리 숫자가 큰 수가 더 크다고 생각하면 돼. 그러니까 천의 자리 숫자가 1인 첫 번째 방문 때의 1528개보다 천의 자리 숫자가 2인 두 번째 방문 때의 2156개가 더 큰 수란다.

1528 < 2156

6197과 6325처럼 천의 자리 숫자가 같을 때는 백의 자리 숫자끼리 비교하고, 백의 자리 숫자도 같으면 십의 자리 숫자, 십의 자리 숫자도 같으면 일의 자리 숫자끼리 비교해야 해.

새로 이사 온 아파트 입구의 비밀번호를 잊어버릴까 봐 힌트를 만들어 두었어.

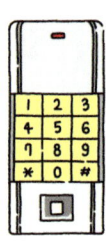

▶ 네 자리 수이다.
▶ 각 자리 숫자는 모두 다르다.
▶ 네 자리 숫자를 모두 더하면 9이다.
▶ 천의 자리 숫자는 백의 자리 숫자보다 1 크다.
▶ 십의 자리 숫자는 일의 자리 숫자보다 작고, 그 둘을 더하면 20이다.

1 서술형 힌트로 알아낸 비밀번호를 써 보고, 어떻게 알 수 있었는지 이야기해 보자.

2 서술형 비밀번호를 한 달에 한 번씩 바꾸기로 하고, 매달 1일마다 100씩 커지는 수를 비밀번호로 하기로 했어. 6개월 뒤의 비밀번호를 써 보고, 그렇게 쓴 이유를 설명해 보렴.

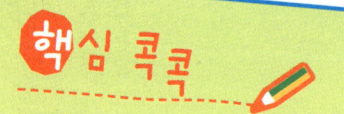

핵심 콕콕
• 100씩 뛰어서 세면 백의 자리 숫자가 1씩 커진다.
➡ 8100-8200-8300-8400-8500-8600-8700-8800-8900

 마을 신문을 만들려고 아파트의 사람 수를 조사했어.

아파트	사람 수
그린 아파트	2329
장미 아파트	1443
한빛 아파트	2340
호수 아파트	1045

1 서술형 가장 많은 사람이 사는 아파트를 찾아 써 보고, 어떻게 알았는지 이야기해 보자.

2 서술형 가장 적은 사람이 사는 아파트는 어느 아파트인지 찾아 써 보고, 어떻게 알았는지 이야기해 보자.

3 가장 많은 사람이 사는 아파트부터 적은 사람이 사는 아파트를 순서대로 써 보렴.

핵심 콕콕

- 네 자리 수의 크기 비교는 천의 자리 숫자부터 비교한다.
→ 3503 > 2443
- 천의 자리 숫자가 같으면 백의 자리 숫자끼리, 백의 자리 숫자도 같으면 십의 자리 숫자끼리, 십의 자리 숫자도 같으면 일의 자리 숫자끼리 비교한다.

이야기 수학 ❶

고대 중국의 숫자

고대 중국의 수학에 대해서는 지금까지 전해진 책이 매우 적어.

옛날, 종이가 없던 시절에 고대 중국인들은 주로 대나무에 기록을 했는데, 이 대나무는 오래 보존되기가 힘들었거든.

게다가 기원전 213년에는 진나라의 시황제가 분서갱유*를 일으켜 거의 모든 책들을 불태우라고 명령하는 바람에 많은 자료들이 사라져 버렸지. 따라서 고대 중국의 수학에 대해서는 사람들의 입에서 입으로 전해 내려오는 이야기를 따르는 경우가 많아.

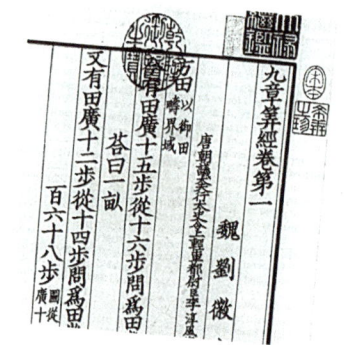

▲ 구장산술

중국에서 가장 오래된 수학서. 누가 언제 쓴 것인지 정확하게 알려져 있지는 않지만 지금까지 전해지는 것은 263년 삼국 시대 위나라의 유휘가 해설을 덧붙여 정리한 것이다. 농업에 필요한 토지 및 생산물을 정확하게 계산하는 방법 등이 실려 있다.

▲ 죽간

대나무를 길쭉하게 세로로 잘라 겉면을 깎고, 글씨를 쓴 것으로 종이가 발명되기 전까지 가장 많이 사용되었다.

*분서갱유 : 진나라의 시황제가 학자들의 정치 비판을 막기 위해서 민간의 책들을 불태우고, 많은 학자들을 죽인 사건.

고대 중국에서 쓰였을 거라고 여겨지는 수 체계는 막대로 나타내는 것이야. 숫자 1, 2, 3, 4, 5, 6, 7, 8, 9를 막대 모양으로 나타냈는데, 홀수 자리(일의 자리, 백의 자리, 만의 자리 등)에 오느냐 짝수 자리(십의 자리, 천의 자리 등)에 오느냐에 따라 각각 다른 모양으로 나타내는 방법이었지. 그 모양은 다음과 같아.

자리＼숫자	1	2	3	4	5	6	7	8	9
홀수 자리 (일, 백…)	丨	丨丨	丨丨丨	丨丨丨丨	丨丨丨丨丨	丅	丅丨	丅丨丨	丅丨丨丨
짝수 자리 (십, 천…)	─	═	≡	≣	≣̄	⊥	⊥̄	⊥̿	⊥̿̄

중국에서는 '산대' 또는 '산가지'라고 부르는 대나무로 된 계산 막대를 위와 같은 모양으로 놓아 계산했다고 해. 물론 이 막대는 계산을 할 때 사용했다고 전해지고, 숫자를 기록할 때에는 한자로 나타냈지. 숫자를 한자로 나타내면 다음과 같단다.

1	2	3	4	5	6	7	8	9	10	100	1000	10000
일	이	삼	사	오	육	칠	팔	구	십	백	천	만
一	二	三	四	五	六	七	八	九	十	百	千	萬

똑똑 수학 일기 ❶

| 날짜 20♡△년 ◇월 ☆◇일 | 날씨 구름 없이 맑음 |

제목 빈 병 재활용

우리 아파트 관리 사무실 뒤에는 재활용하기 위해 빈 병을 따로 모아 두는 창고가 있다. 엄마 심부름으로 빈 병을 버리러 갔는데, 빈 병이 많이 쌓여 있었다. 대체 몇 개나 될지 궁금해서 찬찬히 세어 보았다. 빈 병을 100개씩 꽉 채운 상자가 23개 있었고, 다 차지 않은 상자 안에 빈 병 51개가 더 있었다. 100이 23개면 23에 00을 붙인 수니까 2300, 거기에 51개가 더 있으니까 창고에 있는 빈 병은 모두 2351, 이천삼백오십일개였구나.

수리가 네 자리 수인 빈 병의 수를 잘 세고, 잘 읽었구나.
100이 ☐개이면 그 수는 ☐00이 된다는 것도 잘 알고 있네.
엄마 심부름을 하면서 수학 공부까지! 선생님이 더 뿌듯한걸?

돼지 삼 형제의 과자 집

아기 돼지 삼 형제가 과자로 집을 만드는데 막내 돼지가 만들어야 할 과자의 수를 잘 몰라서 헤매고 있어. 지붕 앞쪽에 필요한 별 과자의 개수는 19개, 뒤쪽에 필요한 별 과자의 개수는 14개라고 했어. 각각의 별 과자를 그림으로 그려 보자.

14개의 별 과자 중에서 1개를 19개의 별 과자에 넣어 보렴. 그럼 별 과자는 10개씩 3묶음, 낱개 3개가 되니까 모두 33개가 필요하다는 것을 알 수 있지! 그런데 덧셈을 할 때마다 이렇게 일일이 그림을 그려 볼 수는 없겠지? 지금부터 숫자만 보고도 척척 덧셈과 뺄셈을 하는 방법을 알려 줄게.

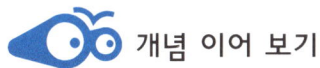 개념 이어 보기

앞에서 배운 개념	이번에 배울 개념	뒤에서 배울 개념
• 받아올림, 받아내림이 없는 두 자리 수의 덧셈과 뺄셈	• 받아올림, 받아내림이 있는 두 자리 수의 덧셈과 뺄셈	• 세 자리 수의 덧셈과 뺄셈

쏙쏙 개념 ❸

두 자리 수의 덧셈

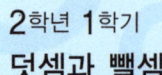

2학년 1학기
덧셈과 뺄셈

우리 반 친구는 모두 몇 명일까?

오늘은 직업 체험 테마파크에서 체험 학습을 하는 날이야. 집에서 싸 주신 도시락과 간식, 체험 학습에 필요한 준비물을 챙기며 친구들 모두 한껏 들떠 있어.

체험 학습을 떠나는 친구들은 남자 어린이 16명, 여자 어린이 18명이야.

버스를 타기 위해 친구들이 10명씩 줄을 섰어. 체험학습을 떠나는 친구들은 모두 몇 명인지 금방 알겠니?

이번에는 남자 어린이의 수와 여자 어린이 수의 합인 16+18로 계산해 보자. 우선 수 모형으로 나타내 보자.

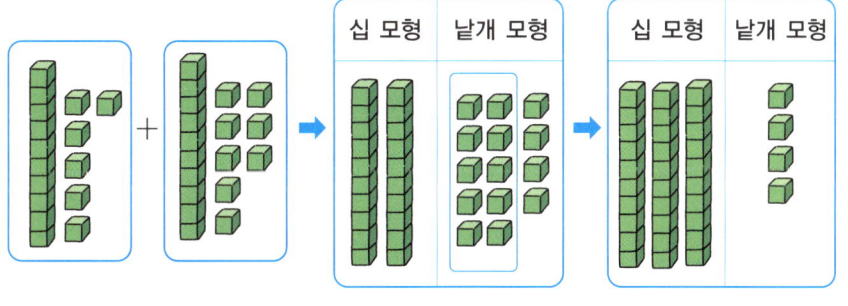

두 자리 수의 덧셈을 할 때에 일의 자리는 일의 자리끼리, 십의 자리는 십의 자리끼리 더하면 돼. 그런데 일의 자리 수의 합이 10이 되거나 10보다 크면 10을 **십의 자리로 받아올림**해서 십의 자리 수에 더해 주면 된단다.

두 자리 수의 덧셈에서 받아올림은 일의 자리 수를 더한 값이 10이거나 10이 넘을 때 십의 자리 수에 10을 올려 주는 거구나.

딱지는 모두 몇 개일까?

　버스 안에서 옆 친구와 딱지놀이를 하는 친구가 있어. 이제 막 딱지놀이를 끝내고 이긴 친구가 자기 딱지의 수를 세고 있어. 이 친구가 처음에 가지고 있던 딱지는 57개, 새로 얻은 딱지는 66개야.

　딱지의 수 57+66을 수 모형으로 나타내고, 세로식으로도 계산해 보자.

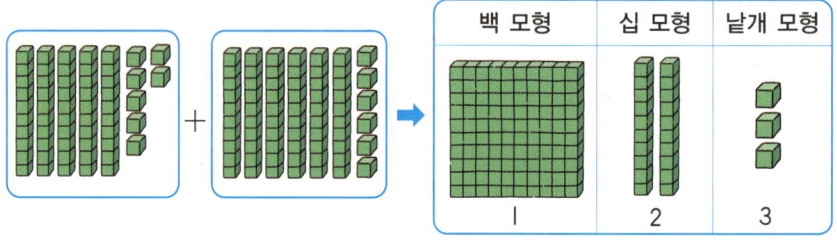

　일의 자리 수의 합이 10이거나 10보다 크면 10을 십의 자리로 받아올림하고, 십의 자리 수의 합이 100이거나 100보다 큰 수는 100을 **백의 자리로 받아올림**해서 계산하면 돼.

```
  1 1
    5 7
+   6 6
─────────
  1 2 3
```

사탕은 몇백몇십몇 개일까?

 선생님이 친구들에게 나눠 주려고 포도 사탕 74개, 딸기 사탕 69개를 가지고 왔어. 사탕의 수 74+69를 수 모형으로 나타내 보자.

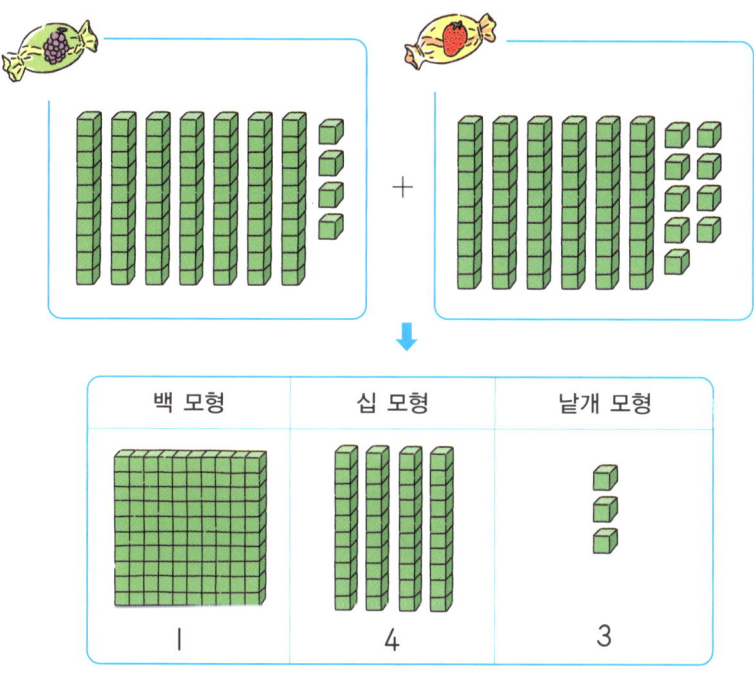

낱개 모형 10개는 십 모형 1개, 십 모형 10개는 백 모형 1개로 바꾸면 돼!

 숫자가 커졌어도 앞에서 배운 것과 같은 방법으로 차근차근 계산하면 돼. 일의 자리 수 4와 9를 더한 13과 십의 자리 수 70과 60을 더한 130을 더해서 143을 구할 수 있어. 그리고 받아올림을 해서 세로식으로 구할 수도 있지.

```
    1  1
       7  4
  +    6  9
  ─────────
    1  4  3
```

여러 가지 방법으로 덧셈을 해 볼까?

 드디어 직업 체험 테마파크에 도착했어. 높은 곳에 올라가는 것에 도전하고 싶어하는 어린이들은 빌딩 등반 활동을 해 보기로 했단다. 안전장치를 하고 빌딩처럼 생긴 높은 구조물에 직접 올라 보는 활동이야.

 가다가 중간에 멈췄지만, 다시 씩씩하게 꼭대기까지 올라간 친구가 있어. 이 친구는 처음에는 84칸을 올라갔고, 거기서부터 다시 37칸을 올라갔대. 이 친구가 올라간 칸은 모두 몇 칸일까? 앞에서 배운 덧셈식으로 84+37을 계산해 보면 되겠다. 84+37을 여러 가지 방법으로 계산해 보자.

80과 30을 먼저 더하기

❶ 십의 자리 수끼리 더한다.
   80 + 30 = 110
❷ 일의 자리 수끼리 더한다.
   4 + 7 = 11
❸ ❶과 ❷를 더한다.
   110 + 11 = 121

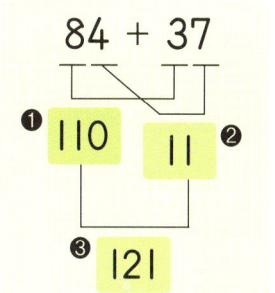

84에 30을 먼저 더하기

❶ 84에 37의 30을 먼저 더한다.
   84 + 30 = 114
❷ ❶에 37의 7을 더한다.
   114 + 7 = 121

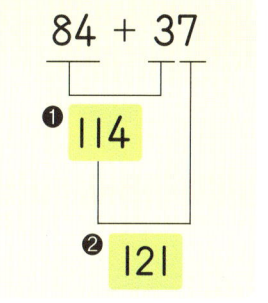

84를 90으로 만들어 더하기

❶ 84에 6을 더해서 90으로 만든다.
   84 = 90 - 6
❷ 셈의 순서를 바꾸어 계산한다.
   84 + 37 = 90 - 6 + 37 = 90 + 37 - 6 = 127 - 6 = 121

 이처럼 덧셈을 하는 방법은 여러 가지가 있지만, 사람마다 편리하게 느껴지는 방법이 달라. 그러니까 어떤 방법이 가장 편리한지 알기 위해서는 우선 다양한 방법으로 계산해 보는 것이 좋겠지?

탄탄 실력 ❸

친구들은 직업 체험 테마파크의 물품 보관함에 소지품을 보관하기로 했어. 비밀번호는 다음을 계산해서 붙여 만든 네 자리 수 ▲■●★야.

$$34+59=▲■ \qquad 14+57=●★$$

1 ▲■와 ●★을 각각 세로셈으로 구해 보자.

```
   ▲ ■              ● ★
   3 4              1 4
 + 5 9            + 5 7
 ─────            ─────
 [   ]            [   ]
```

2 서술형 보관함의 비밀번호를 써 보고, 설명해 보렴.

미래의 직업에 대해 궁금한 친구들이 상담 센터에 갔어. 오전 9시부터 10시는 34명, 10시부터 12시는 29명, 오후 1시부터 3시는 49명, 3시부터 5시는 18명이 방문했대.

1 오전에 상담 센터를 찾은 어린이는 모두 몇 명일까?

_____ 명

2 오후에 상담 센터를 찾은 어린이는 모두 몇 명일까?

_____ 명

3 서술형 하루 동안 상담 센터를 방문한 어린이는 모두 몇 명인지 써 보고, 그렇게 쓴 이유를 설명해 보렴.

쏙쏙 개념 ❹

2학년 1학기
덧셈과 뺄셈

두 자리 수의 뺄셈

달걀은 몇 개 남았을까?

이번에는 어린이들이 요리사가 되어 직접 음식을 만들어 보는 곳에 왔어. 오늘의 요리는 어린이들의 인기 간식, 떡볶이야.

떡볶이를 만들기 위해 삶은 달걀을 40개 준비했는데, 요리를 하면서 19개를 썼어. 남은 달걀은 몇 개일까?

그림에서 쓴 달걀 수만큼 /표시로 지워 보면 남은 달걀의 수를 알 수 있어.

그림을 보면서 써 버린 달걀의 수만큼 지운 후에 남은 달걀을 세어 봐도 알 수 있지만, 뺄셈식으로 나타내어 계산해 보면 더 빨리 알 수 있어. 남은 달걀의 수를 구하는 뺄셈식은 40-19야. 이 식을 우선 수 모형으로 나타내 보자.

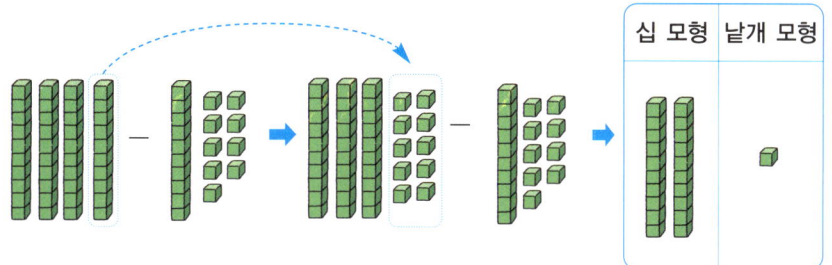

40은 십 모형 4개와 같아. 40에서 19를 빼려면 십 모형 4개에서 십 모형 1개와 낱개 모형 9개를 덜어 내야 하지. 하지만 십 모형 4개에서 낱개 모형 9개를 덜어 낼 수가 없으니까 4개의 십 모형 중에 1개를 낱개 모형 10개로 바꾸어 주는 거야. 그런 다음 십 모형끼리, 낱개 모형끼리 빼 주면 돼.

덧셈과 마찬가지로 뺄셈도 세로셈으로 계산하는 방법이 있으니 살펴보자.

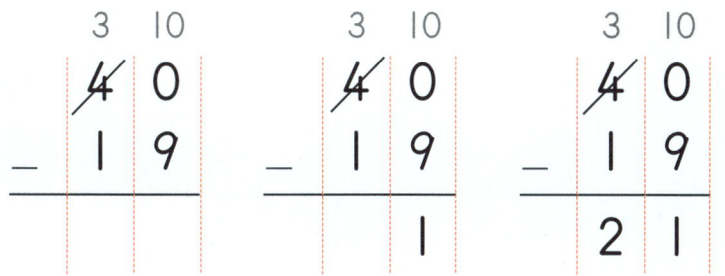

일의 자리 수끼리 뺄셈을 할 수 없을 때는 십의 자리에서 10을 받아내림해서 계산해야 해.

십의 자리 4에서 10을 **일의 자리로 받아내림**해서 10에서 9를 빼면 1, 십의 자리 3에서 1을 빼면 2, 그래서 21이 되지.

도넛을 몇 개 더 만들어야 할까?

이번에는 제빵사가 되어 달콤하고 고소한 빵들을 직접 만들어 보는 곳이야. 많은 친구들이 반짝이는 눈으로 맛있는 도넛을 만들어 보고 있어. 평소에는 먹기만 했던 갖가지 모양의 예쁜 도넛들이 여러 과정을 거쳐서 만들어지는 것을 보니 신기하기도 하고 도넛을 만드시는 분들이 대단해 보이기도 했지. 어린이들은 여러 가지 모양의 도넛을 모두 52개 만들기로 했어. 그런데 지금까지 만든 도넛은 38개야. 도넛을 몇 개 더 만들어야 할까? 52-38로 뺄셈식을 만들어 구하면 되겠지?

미래에 어떤 직업을 가질지 생각할 때 자신에게 맞는 일을 찾는 게 중요해. 어떠한 일을 할 때 즐겁고 가장 재미있을지 생각해 보렴.

우선 52-38을 그림으로 나타내 보자.

이번에는 52-38을 수 모형으로도 나타내 보자.

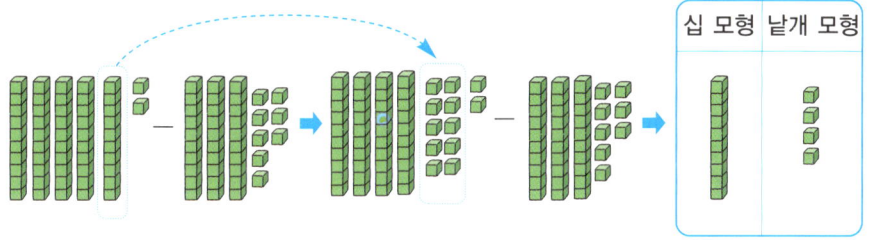

52는 십 모형 5개와 낱개 모형 2개야. 여기서 38만큼 빼려면 십 모형 3개와 낱개 모형 8개를 덜어 내야 하는데 낱개 모형이 부족해. 이럴 때에는 십 모형 1개를 낱개 모형 10개로 다시 바꿔서 빼면 된단다. 세로셈으로 계산하는 방법도 살펴보렴.

일의 자리 수끼리 뺄셈을 할 수 없을 때는 십의 자리에서 10을 받아내림하여 계산해야 한다고 했지?

여러 가지 방법으로 뺄셈하기

앞에서 여러 가지 방법으로 덧셈을 했듯이 뺄셈을 하는 방법도 여러 가지란다.

52-38을 여러 가지 방법으로 다시 한 번 계산해 보자. 먼저 각자 어떤 방법으로 계산할지 곰곰이 생각해 보고, 아래의 방법들과 비교해 보렴.

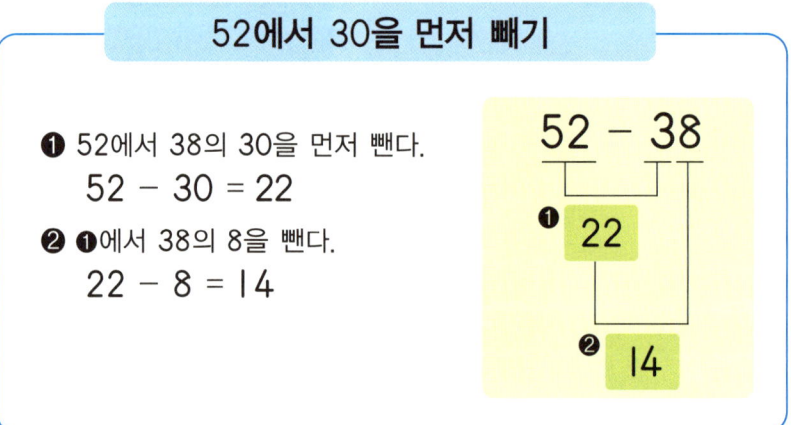

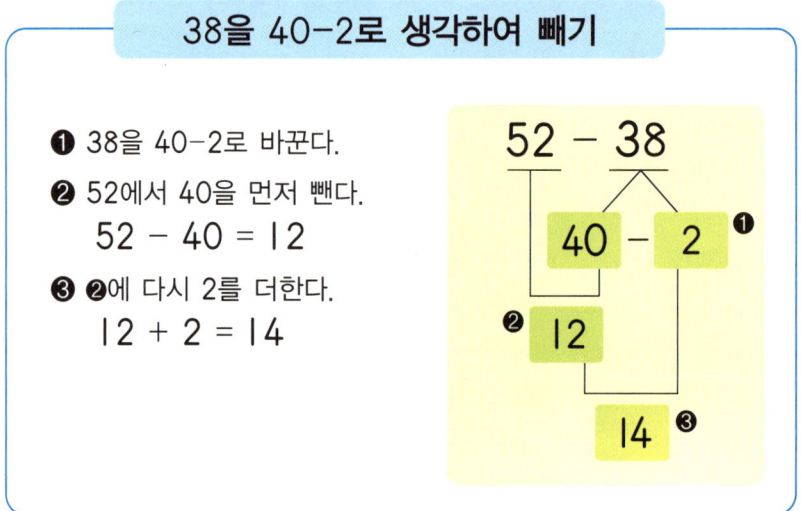

> **52를 50으로 만들어 빼기**
>
> ❶ 52에서 2를 먼저 뺀다.
> ❷ 52에서 38을 빼야 하는데 2를 먼저 뺐으므로 36만 빼 주면 된다.
> ❸ 50에서 36을 빼면 14가 된다.
>
> $$52 - 2 = 50$$
> $$\downarrow$$
> $$50 - 36 = 14$$

이번에는 너희들이 직접 뺄셈을 해 보렴. 74-25를 계산하는 방법이야. ☐ 안에 알맞은 수를 넣어 보자.

> ❶ $74 - 25 = 74 - \square - 5$
> $ = \square - 5$
> $ = $
>
> ❷ $74 - 25 = 74 - \square - 21$
> $ = \square - 21$
> $ = $

두 자리 수의 덧셈과 뺄셈을 할 때는 일의 자리 수부터 순서대로 계산하는 방법 말고도 여러 가지 방법으로 계산할 수 있다는 사실, 꼭 기억해 두렴.

서로 친한 덧셈과 뺄셈

앞에서 여러 가지 방법으로 덧셈과 뺄셈을 해 보았는데, 사실 덧셈과 뺄셈은 서로 아주 친한 사이란다.

이제 덧셈식을 뺄셈식으로, 뺄셈식을 덧셈식으로 변신시켜 볼 거야.

남자 어린이 16명과 여자 어린이 18명을 더하면 전체 어린이 수는 34명이지. 34명에서 남자 어린이 16명을 빼면 여자 어린이 수 18명이 되고, 34명에서 여자 어린이 수 18명을 빼면 남자 어린이 수 16명이야. 이것을 식으로 나타내면, 아래와 같이 덧셈과 뺄셈을 서로 바꾸어 계산할 수 있다는 것을 알 수 있어.

덧셈식을 뺄셈식으로 바꿀 땐 부분(■)과 부분(▲)을 더해 전체(●)가 되는 덧셈식을 전체(●)에서 한 부분(■또는 ▲)을 빼면 다른 부분(▲또는 ■)이 남는 뺄셈식으로 바꿀 수 있어.

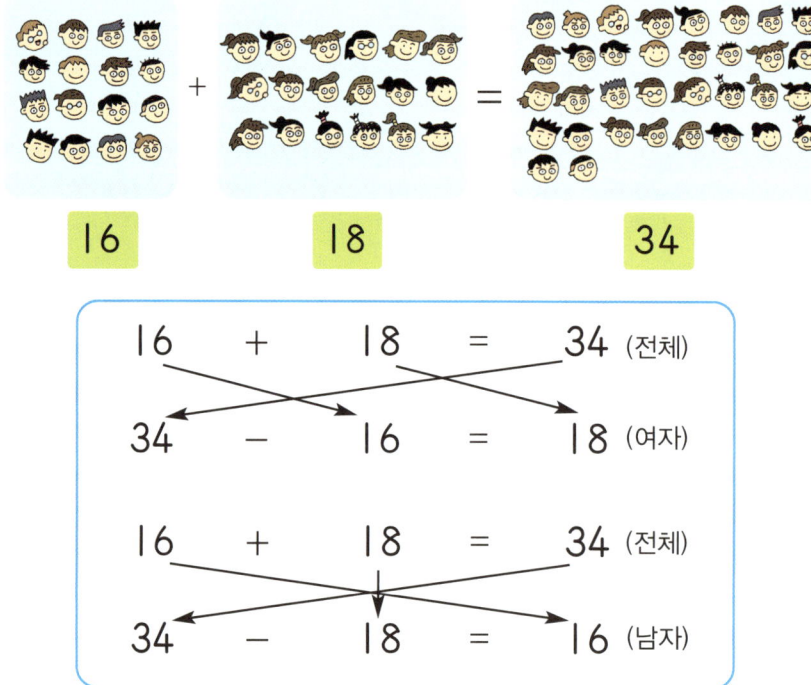

앞에서 더 만들어야 하는 도넛의 개수를 알기 위해 뺄셈식을 세워 계산했지? 52-38=14였어. 이것을 덧셈식으로 바꾸어 나타내면 38+14=52 또는 14+38=52가 된단다.

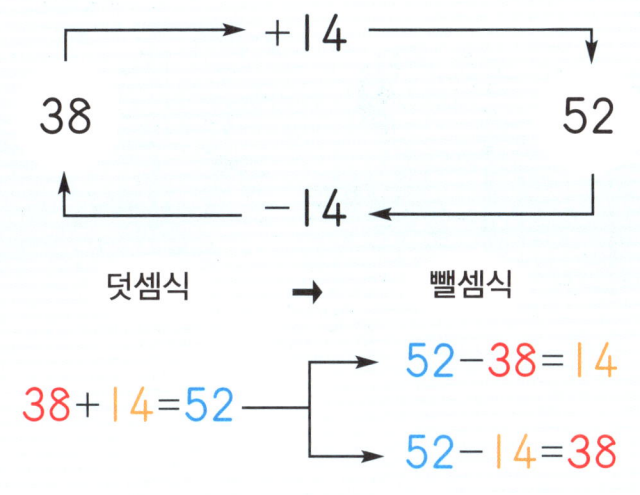

전체에서 어느 한 부분을 빼면 또 다른 부분이 된다.

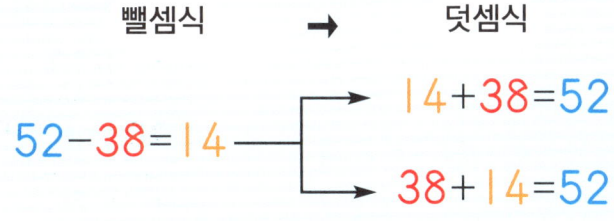

두 부분의 수를 더하면 전체가 된다.

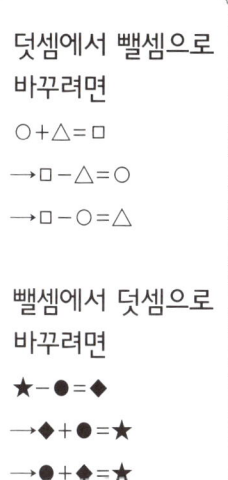

더하는 수의 한 수를 모를 때는 덧셈식을 뺄셈식으로, 전체의 수를 모를 때는 뺄셈식을 덧셈식으로 바꾸어 계산하면 편리할 때가 있으니 이 관계를 잘 알아 두렴.

세 수의 계산

이곳은 과학 수사대 체험을 하는 곳인데 ㄴ자 모양의 식을 계산하여 암호를 풀어야 비밀 금고를 열 수 있대.

세 수의 계산에는 13+6+5처럼 세 수의 덧셈이 있고 22-5-7과 같은 세 수의 뺄셈이 있어. 15+7-11과 같은 덧셈과 뺄셈이 섞인 계산도 있지.

어떻게 식을 풀 수 있을지 생각해 보자.

1학년 때 배운 세 수의 덧셈과 뺄셈 기억하니? 9+3+5, 8-2-4 처럼 세 수의 덧셈이나 뺄셈은 앞의 두 수를 먼저 계산한 후에 남은 수를 계산했어.

비밀 금고의 ㄴ자 모양의 식은 72-26+79야. 숫자들도 모두 두 자리 수이고, 덧셈과 뺄셈이 섞여 있지. 하지만 걱정하지 마. 1학년 때 배웠던 방법 그대로 앞에서부터 차례대로 계산하면 비밀 금고를 여는 일은 어렵지 않을 테니까.

먼저 72-26을 계산하고, 계산하여 나온 수에 79를 더하면 되겠구나.

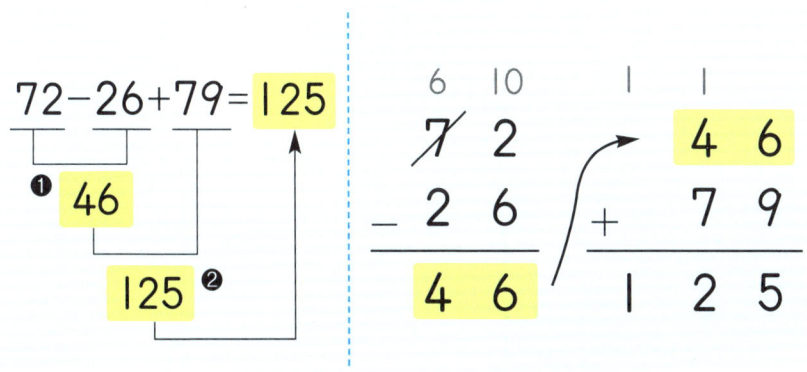

또 72와 79를 먼저 더한 후에 26을 빼는 방법도 있어.

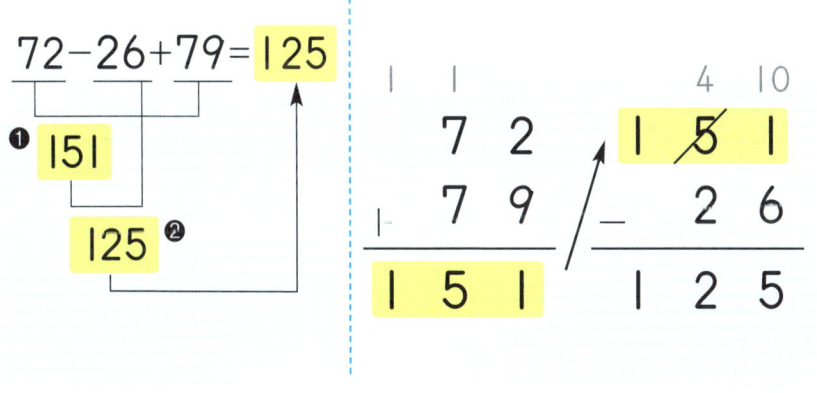

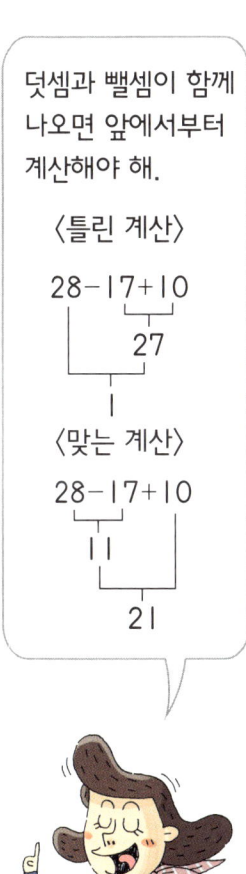

세 수의 계산은 한 번에 계산하기 어려우니까 앞에서부터 두 수씩 계산하는 게 좋아. 특히 덧셈과 뺄셈이 섞인 계산에서 뒤의 두 수를 먼저 계산하지 않도록 주의하렴. 계산 과정이 복잡하니까 다시 검산해 보는 것도 좋겠지?

탄탄 실력 ❹

장애물 달리기 체험장에서 친구들은 신기록을 세우겠다며 여러 번 도전했지. 의 첫 번째 기록은 40초, 두 번째는 31초였어. 는 첫 번째 34초, 두 번째 27초였지.

❶ 의 두 번째 기록은 첫 번째 기록보다 얼마나 빨라졌니?

_____ 초

❷ 의 두 번째 기록은 첫 번째 기록보다 얼마나 빨라졌니?

_____ 초

❸ 서술형 의 두 번째 기록은 의 두 번째 기록보다 얼마나 빠른지 식을 세워 알아보고, 그 과정을 설명해 보렴.

수리와 지수가 직업 체험을 하며 열심히 모은 해피머니로 부모님께 드릴 선물을 샀어.

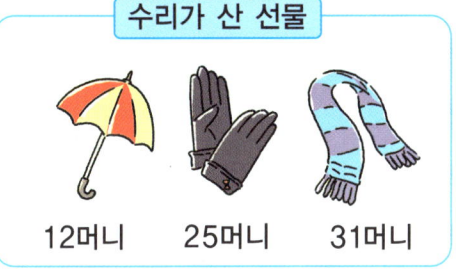

❶ 수리가 산 선물의 값은 모두 얼마인지 계산해 보렴.

_____ 머니

❷ 지수가 산 선물의 값은 모두 얼마인지 계산해 보렴.

_____ 머니

❸ 서술형 수리와 지수에게 남은 해피머니는 각각 얼마인지 써 보고, 그렇게 쓴 이유를 설명해 보렴.

핵심 콕콕

두 자리 수끼리 뺄셈을 할 때 일의 자리끼리 계산할 수 없으면 십의 자리에서 받아내림하여 계산하고, 십의 자리는 받아내림한 수를 빼고 남은 수끼리 계산해야 해.

이야기 수학 ❷

덧셈과 뺄셈의 규칙으로 나타낸 로마 숫자

오른쪽과 같이 시계 속에 1, 2, 3과 같은 숫자가 아닌 다른 숫자가 들어가 있는 것을 본 적이 있니? 이 숫자들은 고대 로마에서 만들어져서 지금까지도 널리 쓰이는 것으로, '로마 숫자'라고 해.

로마 숫자로 1부터 10까지 나타내면 다음과 같아.

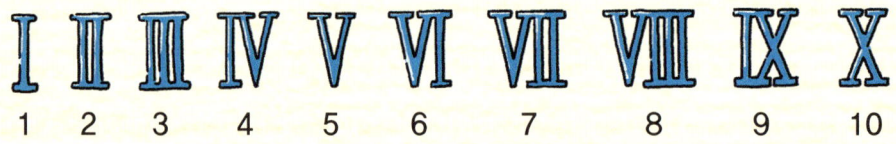

로마 숫자를 이렇게 쓰게 된 이유는 확실하지는 않지만 Ⅰ, Ⅱ, Ⅲ은 막대기를 놓은 모양, Ⅴ는 손을 쫙 폈을 때 엄지손가락과 집게손가락이 이루는 모양이거나 X를 반으로 자른 모양일 거라고 추측하고 있어. X는 막대기 10개를 묶어 놓은 모양이었을 거라고 추측하고 있지.

1부터 10까지의 숫자 외에도 로마 숫자로 100은 C, 1000은 M, 5는 V, 50는 L, 500은 D로 나타냈단다.

그런데 이 로마 숫자들, 특히 IV, VI처럼 두 개의 기호를 함께 붙여서 쓴 것들을 잘 살펴보면 특별한 규칙이 숨어 있는 것을 알 수 있어. 바로 덧셈과 뺄셈의 규칙이란다. 작은 단위의 기호가 큰 단위 기호의 왼쪽에 올 때는 뺄셈, 작은 단위의 기호가 큰 단위 기호의 오른쪽에 올 때는 덧셈이 이용되거든.

4를 나타내는 IV와 9를 나타내는 IX를 잘 보렴.

$$IV(4) = V(5) - I(1)$$
$$IX(9) = X(10) - I(1)$$

4를 나타내는 IV는 5를 나타내는 V의 왼쪽에 1을 나타내는 I를 붙여 쓴 거야. 이것은 5-1=4라는 뺄셈의 규칙을 이용한 것이지.

이번에는 6을 나타내는 VI, 7을 나타내는 VII, 8을 나타내는 VIII을 잘 봐.

$$VI(6) = V(5) + I(1)$$
$$VII(7) = V(5) + II(2)$$
$$VIII(8) = V(5) + III(3)$$

6을 나타내는 VI는 5를 나타내는 V의 오른쪽에 1을 나타내는 I를 붙여 쓴 거야. 이것은 5+1=6이라는 덧셈의 규칙을 이용한 것이지.

이러한 규칙들을 이용하면 더 큰 숫자도 나타내 볼 수 있단다.

똑똑 수학 일기 ❷

| 날짜 20☆♡년 ♣월 ◇△일 | 날씨 시원한 바람 |

제목 엄마와 아빠의 결혼기념일

 오늘은 엄마와 아빠의 결혼기념일이어서 밖에서 맛있는 저녁을 먹었다. 아빠는 마흔한 살이시고, 엄마는 서른아홉 살이시다. 12년 전에 결혼하셨으니까 엄마와 아빠가 결혼하실 때 아빠는 41-12=29세, 엄마는 39-12=27세였구나. 커서 엄마처럼 결혼을 하려면 내가 지금 아홉 살이니까, 27-9=18. 열여덟 살을 더 먹어야 하다니! 나는 결혼하지 않고 그냥 엄마 아빠랑 오래오래 행복하게 살아야지.

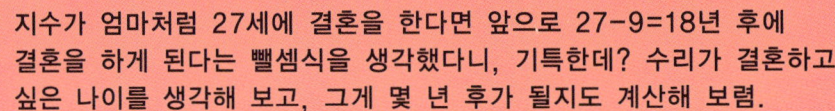

지수가 엄마처럼 27세에 결혼을 한다면 앞으로 27-9=18년 후에 결혼을 하게 된다는 뺄셈식을 생각했다니, 기특한데? 수리가 결혼하고 싶은 나이를 생각해 보고, 그게 몇 년 후가 될지도 계산해 보렴.

초콜릿을 누가 받을까?

초콜릿의 수를 가장 빨리 세는 친구에게 초콜릿을 선물로 줄게.

1, 2, 3, 4 하나씩 세야지.

난 3개씩 뛰어 셀래. 3, 6, 9…

난 6개씩 있는 초콜릿을 다시 10개씩 놓아 세야지.

48개요!

여우가 가장 빨리 맞췄으니 초콜릿을 줄게.

와! 어떻게 저렇게 빨리 셌지?

우리에게도 방법 좀 알려 줘.

알고 나면 쉬워!

수를 세는 방법은 여러 가지가 있는데, 같은 수를 여러 번 더해서 전체 수를 알아야 할 때가 있어. 1봉지에 6개씩 들어 있는 과자가 8봉지 있을 때 과자가 모두 몇 개인지 알려면 6+6+6+6+6+6+6+6으로 6을 8번 더하는 것처럼 말이야. 그런데 이렇게 같은 수를 여러 번 더하는 것보다 편리한 방법이 있어. 바로 곱셈구구란다.

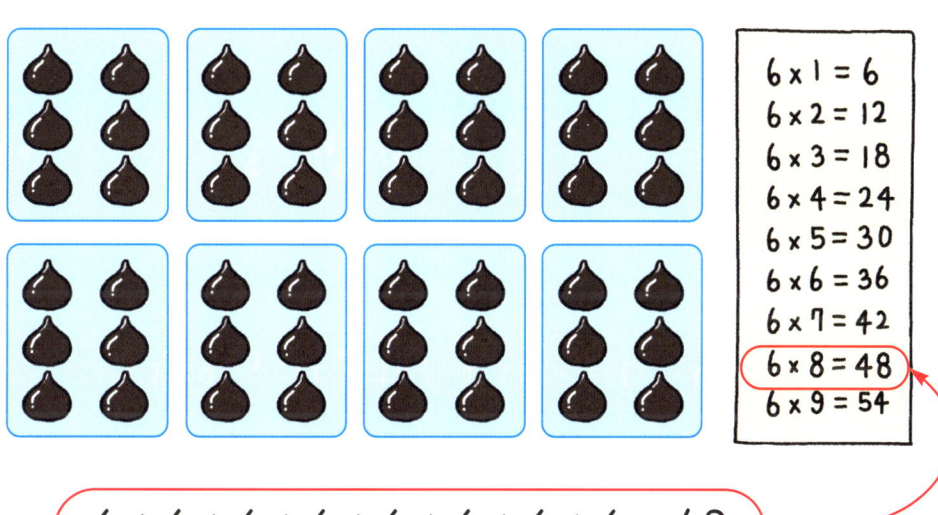

사실 여우도 이 곱셈구구로 초콜릿의 수를 금방 알아냈던 거야. 자, 이제 곱셈구구로 답을 찾는 방법을 알아보자.

개념 이어 보기

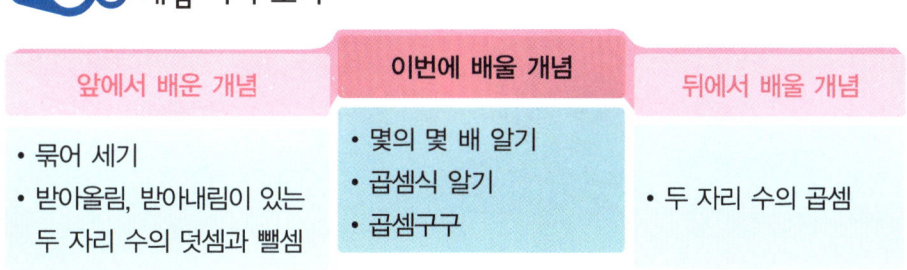

쏙쏙 개념 ❺

곱셈과 곱셈식

2학년 1학기
곱셈

초콜릿은 모두 몇 개일까?

이번 달 생일을 맞은 친구들을 위해 교실에서 축하 파티를 열기로 했어. 초콜릿, 쿠키, 여러 종류의 빵, 음료수, 아이스크림, 생일 모자, 풍선 등 생일 파티에 필요한 맛있는 음식과 예쁜 장식들을 준비했지. 여러 가지 물건들을 다양한 방법으로 세어 보자.

수를 세는 방법에는 하나씩 세기, 뛰어 세기, 묶어 세기 등이 있어.

보기에도 달콤한 초콜릿이 몇 개인지 세어 보자.

어떻게 셌니? 1개, 2개, 3개,…로 하나씩 센 사람도 있을 거고, 2, 4, 6,…으로 2개씩 뛰어 센 사람도 있을 거야. 그럼 이번에는 몇 개씩 묶어서 세어 보자.

3개씩 묶어 세기

6개씩 묶어 세기

위와 같이 묶음 수를 다르게 하여 셀 수 있어. 이렇게 세면 1개씩 셀 때보다 더 빨리 셀 수 있단다.

초콜릿 수를 덧셈식으로 나타내면
3개씩 묶을 때는
3+3+3+3+3+3=18
6개씩 묶을 때는
6+6+6=18이야.

동물 모양 과자를 묶어서 세자.

고양이 과자를 5개씩 묶어 보면 1개가 남아요.

너희가 좋아하는 동물 모양 과자야. 코끼리, 강아지, 고양이네? 이번에는 동물 모양별로 묶어서 세어 보자.

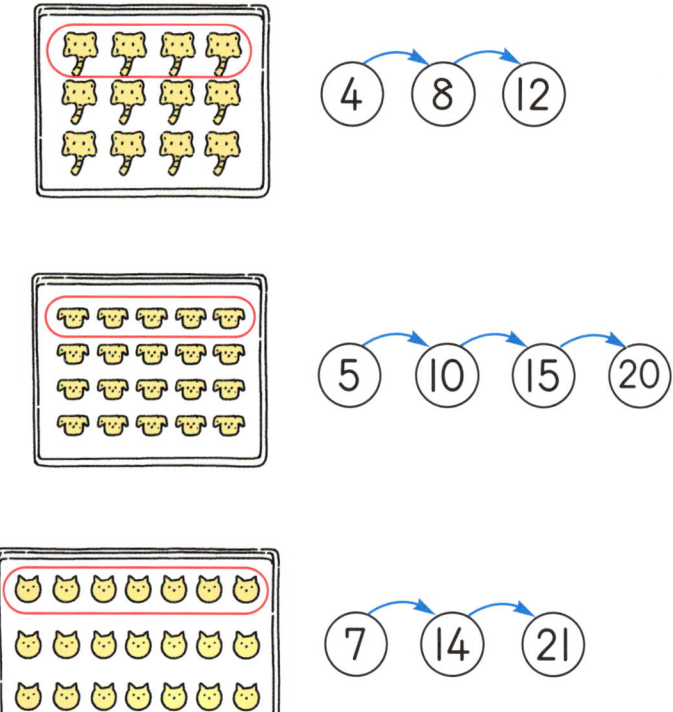

5개씩 4묶음에 남는 수는 더하면 된단다. 하지만 되도록이면 남지 않게 묶어 보렴.

위와 같이 가로줄로 묶어서 세어 보면, 코끼리 과자는 4개씩 3묶음이야. 4씩 3번 더하면 4, 8, 12이니까 4씩 3이면 12야. 마찬가지로 강아지 과자 수는 5씩 4번 더해서 5, 10, 15, 20이므로 5씩 4는 20, 고양이 과자 수는 7씩 3이므로 21이야.

이번에는 과자들을 세로줄로 묶어서 세어 보자.

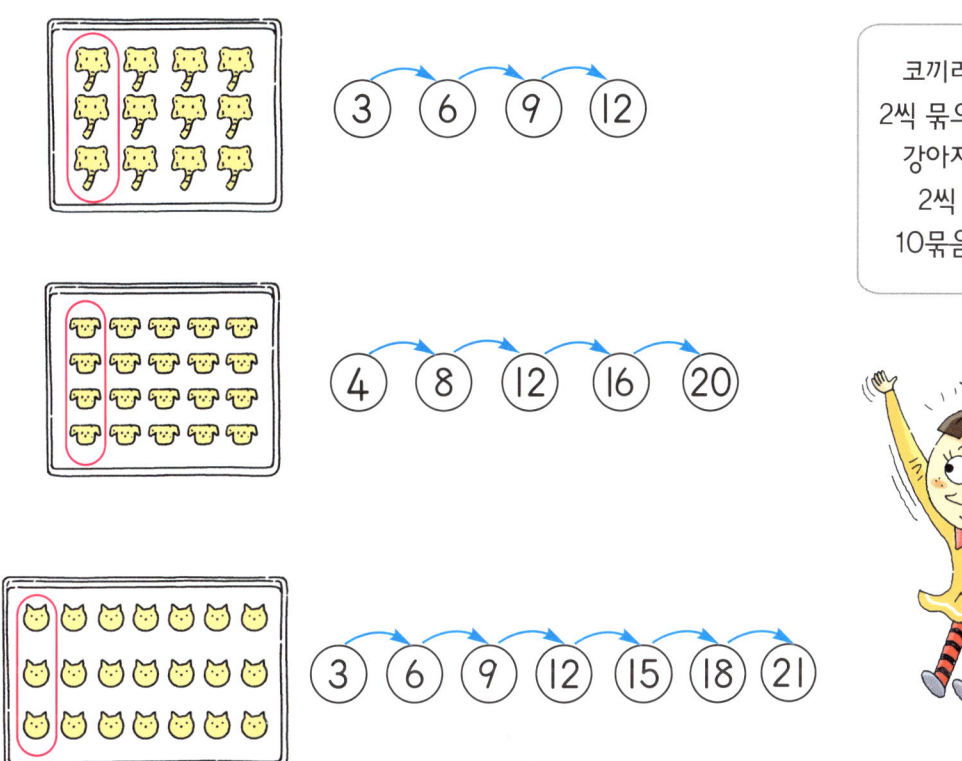

코끼리 과자를 2씩 묶으면 6묶음, 강아지 과자를 2씩 묶으면 10묶음이 되네.

위와 같이 세로줄로 묶어서 세어 보면 코끼리 과자는 3개씩 4묶음이 돼. 3씩 4번 더하면 3, 6, 9, 12이니까 3씩 4이면 12야. 가로줄로 4개씩 묶어 셀 때와 결과는 똑같지?

마찬가지로 강아지 과자는 4개씩 5묶음으로 20, 고양이 과자는 3개씩 7묶음으로 21이지.

꽃풍선의 수는 몇의 몇 배일까?

수리와 지수가 교실을 예쁘게 꾸미려고 꽃풍선을 많이 만들었구나. 꽃풍선은 몇 개일까?

3의 3배는
3+3+3=9.
9는 3의 3배야.

지수는 꽃풍선을 3개 만들었고, 수리는 9개를 만들었어. 수리는 지수보다 9-3=6. 6개 더 많이 만들었지. 이번에는 다른 방법으로 비교해 보자.

지수의 꽃풍선은 3씩 1묶음이고, 수리의 꽃풍선은 3씩 3묶음이야. 이때 수리의 꽃풍선 수는 지수가 만든 꽃풍선 수의 '3배'라고 한단다. 다시 말해 수리의 꽃풍선 수 **3씩 3묶음**은 **3의 3배**라고 할 수 있어.

머핀의 수를 곱셈식으로 써 보자.

이 고소한 냄새는? 머핀과 팥빵이야. 사이좋게 나눠 먹으려면 몇 개인지 알아야겠다.

위에서 머핀은 6개씩 5묶음이 있어. 6씩 5묶음은 6의 5배이고, 6을 5번 더한 6+6+6+6+6=30이야. **6의 5배**를 **6×5**로 쓰고, **6 곱하기 5**라고 읽지.

머핀의 수를 곱셈식으로 나타내면 6×5=30 이 된단다. 같은 방법으로 팥빵의 수도 알아보렴.

- 4씩 6묶음은 4의 6배
- 4의 6배는 ☐ × ☐ = ☐ 곱하기 ☐
- ☐ × ☐ = ☐

6×5=30
↓
'6곱하기 5는 30과 같습니다.'라고 읽어.

탄탄 실력 ⑤

시장에 싱싱한 생선도 있고, 새콤달콤한 과일도 있지.

❶ 생선을 5마리씩 상자에 담았어. 생선을 5마리씩 담을 때마다 몇 마리가 되는지 빈칸에 알맞은 수를 써 보자.

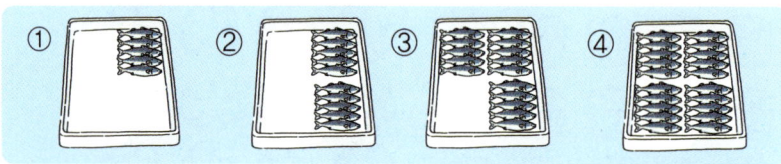

① 5씩 1묶음은   5 × 1 = ☐

② 5씩 2묶음은   5 + 5 = ☐ → 5 × 2 = ☐

③ 5씩 3묶음은   5 + 5 + 5 = ☐ → 5 × 3 = ☐

④ 5씩 4묶음은   5 + 5 + 5 + 5 = ☐ → 5 × 4 = ☐

❷ 한 봉지에 6개씩 담아 파는 자두를 3봉지 샀어. 자두를 1봉지씩 담을 때마다 바구니의 자두는 모두 몇 개인지 빈칸에 쓰렴.

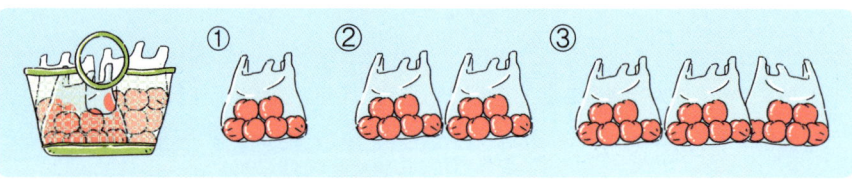

① 1봉지는 6씩 1묶음이고   6 × 1 = ☐

② 2봉지는 6씩 2묶음이고   6 + 6 = ☐ → 6 × 2 = ☐

③ 3봉지는 6씩 3묶음이야.   6 + 6 + 6 = ☐ → 6 × 3 = ☐

 엄마는 날마다 호두를 7알, 아빠는 땅콩을 8꼬투리씩 드신대.

① 엄마와 아빠가 일주일 동안 드신 호두 알과 땅콩 꼬투리의 수를 각각 덧셈식과 곱셈식으로 알아보자.

② 서술형 그림에 어울리는 곱셈 이야기 문제를 만들어 보렴.

이야기

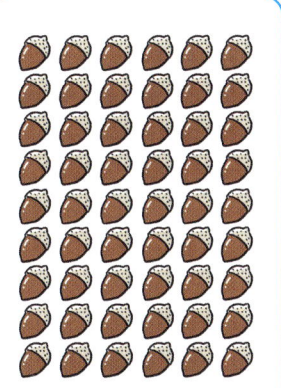

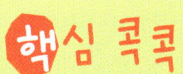

- 9씩 6묶음은 9의 6배
- 9의 6배는
  9+9+9+9+9+9=54
- 9의 6배는 9×6=54
- 9의 6배와 6의 9배는 같다.

쏙쏙 개념 ❻ 곱셈구구

2학년 2학기
곱셈구구

2의 단, 5의 단 곱셈구구

놀이공원에 가면 신 나는 놀이 기구도 타고, 예쁜 꽃들도 맘껏 볼 수 있어. 어른들도 마치 어린 시절로 돌아간 기분이 든단다. 놀이공원에 온 기분으로 신 나게 곱셈구구 공부를 해 보자.

바람개비 1개에 날개가 4개씩 달려 있으니까, 바람개비 1개의 날개 수는 4×1, 바람개비 2개의 날개 수는 4×2가 되겠다.

1칸에 2명씩 탈 수 있는 기차가 모두 9칸으로 연결되어 있다면, 이 기차에는 모두 몇 명이 탈 수 있을까?

기차 1칸의 사람 수는 2×1=2, 2칸의 사람 수는 2×2=4, …, 9칸의 사람 수는 2×9=18. 모두 18명이 탈 수 있어. 이것을 2의 단 곱셈구구표로 만들 수 있단다.

×	1	2	3	4	5	6	7	8	9
2	2	4	6	8	10	12	14	16	18

2, 4, 6, 8, …로 2씩 커지는 것을 알 수 있어. 그럼, 1대에 5명씩 타는 보트 4대면 모두 몇 명이 탈까?

보트 1대의 사람 수는 5×1=5, 2대는 5×2=10, 3대는 5×3=15명이야. 이것을 5의 단 곱셈구구표로 만들자.

×	1	2	3	4	5	6	7	8	9
5	5	10	15	20	25	30	35	40	45

2의 단은 2씩 커지고 5의 단은 5씩 커지는데, 2의 단은 일의 자리 숫자에 2, 4, 6, 8이 반복되고 5의 단은 일의 자리 숫자에 5와 0이 반복되네.

3의 단, 4의 단 곱셈구구

빙글빙글 돌아가는 놀이 기구에 3명씩 탈 수 있어. 1대에 타는 사람 수는 3×1=3, 2대면 3×2=6, 5대면 3×5=15명이지? 이럴 때는 3의 단 곱셈구구표를 만들 수 있어.

×	1	2	3	4	5	6	7	8	9
3	3	6	9	12	15	18	21	24	27

+3 +3 +3 +3 +3 +3 +3 +3

3의 단 곱셈구구를 한 수의 각 자리 숫자끼리 더하면 3, 6, 9가 반복돼.

3×4=12에서 1+2=3
3×5=15에서 1+5=6
3×6=18에서 1+8=9
3×7=21에서 2+1=3
3×8=24에서 2+4=6
3×9=27에서 2+7=9

빨강, 파랑 꼬마 자동차 1대에는 4명씩 탈 수 있어. 1대에 타는 사람 수는 4×1=4, 2대면 4×2=8, 6대면 4×6=24명이야.

이번엔 4의 단 곱셈구구표를 만들 수 있겠다.

×	1	2	3	4	5	6	7	8	9
4	4	8	12	16	20	24	28	32	36

+4 +4 +4 +4 +4 +4 +4 +4

6, 7, 8, 9의 단 곱셈구구

꽃밭에 흰나비, 호랑나비, 제비나비 등 여러 종류의 나비들이 날아다니고 있어. 좀 더 자세히 보려고 나무에 앉은 나비를 돋보기로 관찰했어.

나비는 곤충이기 때문에 다리가 6개야. 나비가 여러 마리이니까 나비의 다리 수를 곱셈식으로 나타내 보자. 나비 1마리의 다리 수는 6×1=6, 2마리면 6×2=12, 7마리면 나비의 다리 수는 모두 6×7=42개가 되겠구나.

6의 단 곱셈구구표로 만들어 볼까?

×	1	2	3	4	5	6	7	8	9
6	6	12	18	24	30	36	42	48	54

꽃밭의 꽃을 잘 살펴보니까 꽃잎이 7개씩 달려 있어. 꽃 1송이의 꽃잎 수는 7×1=7, 2송이면 7×2=14, 5송이면 7×5=35개가 되지. 7의 단 곱셈구구표도 만들 수 있겠지?

×	1	2	3	4	5	6	7	8	9
7	7	14	21	28	35	42	49	56	63

나비는 곤충이어서 다리가 6개라고 했지? 그럼 거미도 곤충일까? 곤충은 몸이 머리, 가슴, 배로 나뉘고 다리가 6개이지만 거미는 몸이 머리와 배로 나뉘고, 다리가 8개야. 그래서 거미는 곤충이라고 할 수 없단다.

거미 1마리의 다리 수는 8×1=8, 2마리면 8×2=16, 3마리면 8×3=24개가 된단다. 이번에는 8의 단 곱셈구구표를 만들 수 있어.

×	1	2	3	4	5	6	7	8	9
8	8	16	24	32	40	48	56	64	72

커다란 풍선 하나로 하늘을 날 수 있는 열기구 모양 놀이 기구야. 이 기구 1대에는 9명씩 탈 수 있대. 기구 1대에 탈 수 있는 사람 수가 9×1=9명이니까, 2대면 9×2=18, 3대면 9×3=27, 5대면 9×5=45, 9대면 9×9=81명이야.

이 놀이 기구 수가 늘어날 때마다 사람의 수는 어떻게 늘어나는지 9의 단 곱셈구구표로 알아보자.

×	1	2	3	4	5	6	7	8	9
9	9	18	27	36	45	54	63	72	81

9의 단 곱셈구구를 한 수에서 일의 자리 숫자는 9, 8, 7, 6, …, 1로 1씩 작아지고, 십의 자리 숫자는 1, 2, 3, 4, …, 9로 1씩 커지는 규칙이 있어!

1의 단 곱셈구구

아이들이 들고 있는 풍선을 보렴. 토끼, 여우, 돌고래 등 여러 가지 동물 모양이네. 1명이 풍선 1개씩 들고 있는데, 이런 경우를 곱셈식으로 나타낼 수 있을까?

1명이 들고 있는 풍선 1개의 수를 곱셈식으로 나타내면 1×1=1, 2명이 들고 있는 풍선의 수는 1×2=2, 6명이 들고 있는 풍선의 수는 1×6=6개야. 그래서 1의 단 곱셈구구표는 이렇게 만들 수 있단다.

1의 단 곱셈구구표에서 윗 줄의 수와 아랫 줄의 수가 똑같지?
1과 어떤 수의 곱은 항상 어떤 수 자신이 된단다.
1×(어떤 수)=(어떤 수)

×	1	2	3	4	5	6	7	8	9
1	1	2	3	4	5	6	7	8	9

+1 +1 +1 +1 +1 +1 +1 +1

0의 곱은?

지수와 수리가 과녁 맞히기 놀이를 했어. 각각 화살을 10번씩 던졌는데, 지수는 5점짜리를 4번이나 맞췄대! 각각의 점수는 모두 몇 점이고, 누구의 점수가 높을까?

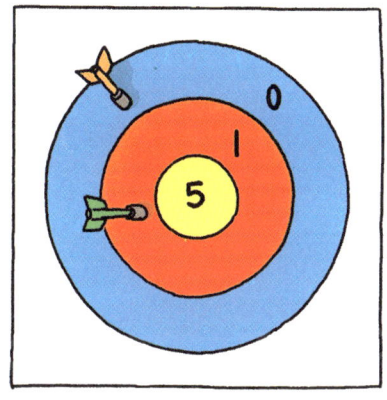

점수	지수	수리
5점	4	3
1점	2	1
0점	4	6
총점		

지수는 5점이 4번이니까 5×4=20, 1점이 2번이니까 1×2=2, 0점이 4번이니까 0×4=0점으로 각 점수를 더하면 20+2+0=22점이야.

수리는 5점이 3번이니까 5×3=15, 1점이 1번이니까 1×1=1, 0점이 6번이니까 0×6=0점으로 15+1+0=16. 총 16점이야.

22-16=6. 지수의 점수가 6점 더 높구나!

0과 4의 곱, 0과 6의 곱은 모두 0이었지? **0과 어떤 수를 곱하면 항상 0**이라는 것을 잘 기억해 두길 바래.

> 0×(어떤 수)=0
> (어떤 수)×0=0
> 0에 아주 큰 수를 곱해도 0이 되겠네? 그럼 0×10000=0, 10000×0=0이 되겠구나.

탄탄 실력 ❻

친구들에게 학용품을 선물하려고 해. 선물할 학용품은 스케치북, 공책, 지우개, 연필이야.

❶ 스케치북 수와 공책 수를 곱셈식으로 알아보자.

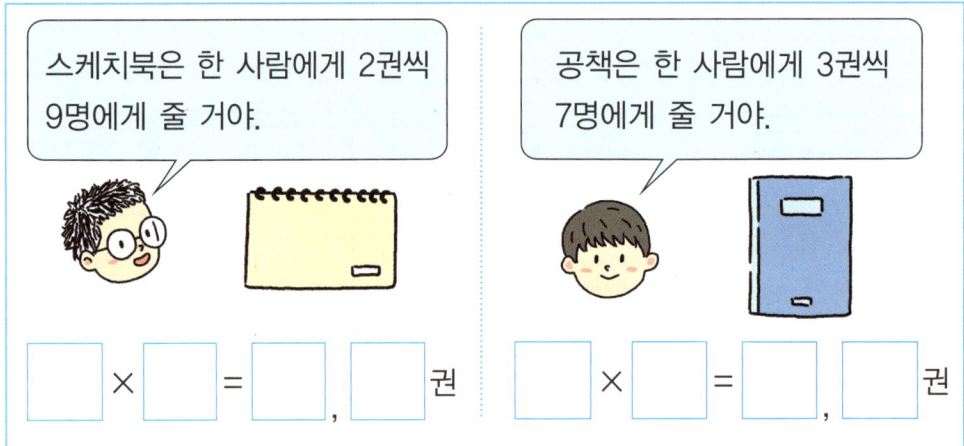

스케치북은 한 사람에게 2권씩 9명에게 줄 거야.

공책은 한 사람에게 3권씩 7명에게 줄 거야.

☐ × ☐ = ☐ , ☐ 권   ☐ × ☐ = ☐ , ☐ 권

❷ 지우개의 수와 연필의 수를 곱셈식으로 알아보자.

지우개는 한 사람에게 4개씩 6명에게 줄 거야.

연필은 한 사람에게 5자루씩 8명에게 줄 거야.

☐ × ☐ = ☐ , ☐ 개   ☐ × ☐ = ☐ , ☐ 자루

핵심 콕콕

• 2, 3, 4, 5의 단 곱셈구구표

×	1	2	3	4	5	6	7	8	9
2	2	4	6	8	10	12	14	16	18
3	3	6	9	12	15	18	21	24	27
4	4	8	12	16	20	24	28	32	36
5	5	10	15	20	25	30	35	40	45

 세 종류의 쿠키를 만들어서 따로따로 상자에 담았어.

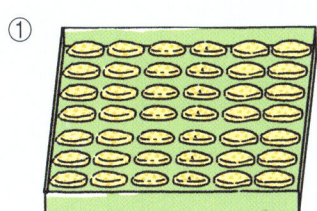

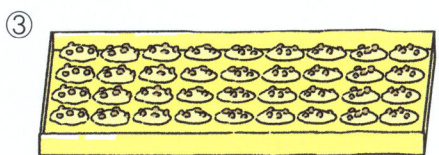

1 상자에 쿠키가 몇 개씩 있는지 곱셈식으로 알아보자.

① 초록 상자 : 6 × ☐ = ☐ 개

② 파란 상자 : ☐ × 5 = ☐ 개

③ 노란 상자 : 9 × ☐ = ☐ 개

2 쿠키의 수가 많은 상자부터 순서대로 써 보렴.

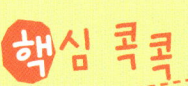
- 6, 7, 8, 9의 단 곱셈구구표
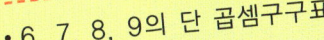

이야기 수학 ❸

손가락 구구

오랜 옛날부터 사람들은 손가락을 접고 펴서 셈을 하곤 했어. 너희도 덧셈이나 뺄셈을 할 때 손가락을 많이 써 보았지? 인도에서는 손가락으로 하는 곱셈법이 있단다. 방법을 잘 듣고 9단을 외워 보자.

손바닥이 보이게 10개의 손가락을 모두 편 후 9와 곱해지는 수를 왼손 엄지손가락부터 순서대로 구부려 봐. 예를 들어 9×1의 경우 왼쪽 첫번째에 해당하는 엄지손가락을 구부리는 거야. 그러면 구부린 손가락을 중심으로 왼쪽에는 손가락이 0개, 오른쪽에는 9개의 손가락이 펴져 있지? 이때 구부린 손가락의 왼쪽에 펴져 있는 손가락 수는 십의 자리 수, 오른쪽에 펴져 있는 손가락 수는 일의 자리의 수가 된단다. 9×1의 경우 십의 자리 수가 0이고 일의 자리의 수가 9이므로 9가 되는 거란다. 한번 더 해 볼까?

9×5의 경우 왼쪽에서부터 다섯 번째에 해당하는 새끼손가락을 구부리렴. 그러면 구부린 손가락의 왼쪽에는 4개, 오른쪽에는 5개의 손가락이 펴져 있지? 이때 왼쪽에 있는 수는 십의 자리 수, 오른쪽에 있는 수는 일의 자리의 수가 되니까 45가 된단다.

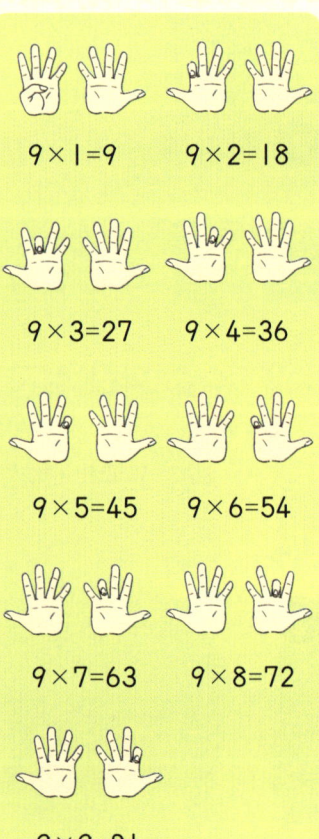

9×1=9   9×2=18
9×3=27 9×4=36
9×5=45 9×6=54
9×7=63 9×8=72
9×9=81

구구단을 외울 때 숫자가 커지면 헷갈릴 때가 있는데, 손가락으로 6~8단을 하는 방법도 알려 줄게. 조금 복잡하게 느껴질 수 있으니 천천히 따라해 봐.

곱하는 수와 곱해지는 수 각각에서 5를 뺀 후 남은 수만큼 왼쪽 손가락과 오른쪽 손가락을 구부리는 거야.

예를 들어 8×7의 경우, 8에서 5를 빼면 3이므로 왼쪽 손가락 3개를 구부리고, 7에서 5를 빼면 2이므로 오른쪽 손가락은 2개를 구부려. 이때 구부린 손가락의 개수를 더하면 십의 자리 수가 된단다. 8×7의 경우 왼손은 3, 오른손은 2이므로 십의 자리 수는 5가 되겠지? 다음은 세우고 있는 손가락 개수를 곱하면 일의 자리 수야. 2×3은 6이므로 일의 자리 수는 6이 되지. 따라서 십의 자리 수 5와 일의 자리 수 6을 함께 써서 56이 되는 거야. 이 방법은 5를 빼는 게 중요하니까 잊지 마.

똑똑 수학 일기 ❸

| 날짜 20☆◇년 ♧월 ☆◎일 | 날씨 약간 흐림 |

제목 신기한 마술 공연

놀이공원에 놀러 가서 신기하고 재미있는 마술 공연을 보았다. 마술사가 모자를 돌리며 주문을 외울 때마다 모자 속에서 흰 비둘기가 2마리씩 하늘로 날아갔다. 주문을 모두 5번 외웠으니까 2×5=10. 흰 비둘기는 모두 10마리가 날아갔다. 또 다른 주문을 외울 때마다 마술 상자에서 7송이씩 묶인 예쁜 꽃다발이 나왔다. 이 주문은 모두 4번 외웠으니까 꽃은 모두 7×4=28송이가 나왔다. 마술 공연이 끝나고 가게에서 3개씩 묶어서 파는 무지개 사탕을 샀다. 우리 반 친구들이 24명이니까 3×☐=24, 사탕을 8묶음 샀다.

수리가 곱셈식을 아주 잘 떠올렸구나. 친구들에게 줄 사탕의 개수를 구할 때 3개씩 몇 묶음이면 24개가 될지 생각해 보면 되겠지.
3×☐=24에서 3의 단 곱셈구구를 외워 보면 3×8=24라는 것을 알아낼 수 있어.

알쏭달쏭 퀴즈

 마침 이번에 들려주려던 내용에 딱 맞는 문제를 최고가 냈구나. 이번에 공부할 내용은 바로 '도형'과 관련된 것이야. 최고가 낸 문제와 '도형'이 무슨 상관이냐고? 그건 하나씩 공부하면서 차차 따져 보기로 하고, 우선 우리 생활 속의 여러 가지 물건들을 떠올려 보자.

어때? 물건들은 제각각 다른 모양을 하고 있어. 그런데 비슷한 모양끼리 묶어 볼 수 있겠다.

이 각각의 비슷한 모양들은 생긴 것만 다를 뿐 아니라, 서로 다른 이름과 성격을 가지고 있단다.

 개념 이어 보기

앞에서 배운 개념	이번에 배울 개념	뒤에서 배울 개념
• 🥫, 📕, 🟢 모양 • ㅁ, △, ○ 모양 • 규칙 찾기	• 원, 삼각형, 사각형, 오각형, 육각형 • 쌓기나무	• 각과 평면도형 • 원

쏙쏙 개념 7

여러 가지 도형

2학년 1학기
여러 가지 도형

동글동글, 원

너희가 좋아하는 피자는 어떤 모양이지? ○ 모양이야. 이렇게 동그란 모양의 도형을 **원**이라고 해. 우리 주변에서 볼 수 있는 원 모양에는 어떤 것들이 있을까?

圓
둥글 원

'원'은 한자어이고 '둥글다' 라는 뜻이야.

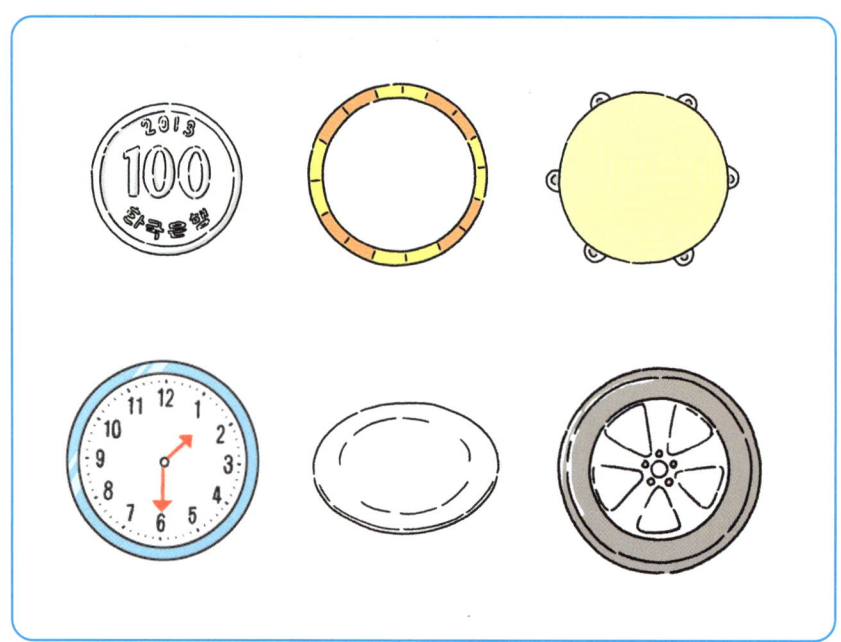

컵, 풀 뚜껑, 밥그릇, 음료수 캔 등 주변에 있는 원 모양의 여러 가지 물건들로 원을 그려 보렴.

그려 놓고 보니 어때? 크기는 조금씩 달라도 생긴 모양이 서로 같아. 길쭉하지도 않고, 찌글찌글하지도 않고 모두 동그란 모양이야. 그리고 어느 방향에서 봐도 모두 같은 모양이지. 또 곧은 선이 아니라 모두 동그랗게 굽은 선으로 되어 있어.

이렇게 크고 작은 원들로 재미있는 그림을 완성해 보는 것도 좋겠구나.

이 모양들은 원이 아니야.

뾰족뾰족, 삼각형

이번에는 샌드위치의 모양을 잘 살펴보렴. 1학년 때 배웠던 △ 모양 생각나지? 맞아. 바로 그 모양이야. 이 모양은 뭐라고 부를까? 아마 '세모'라고 이름 붙인 친구도 있을 거고, '뾰족이'라고 이름 붙인 친구도 있겠다. 이 도형의 이름은 **삼각형**이야.

그럼 우리 주변에 있는 삼각형 모양의 사물들을 한번 떠올려 보겠니?

三角形
석 삼 뿔 각 모양 형

3을 뜻하는 '삼', 뾰족한 뿔을 뜻하는 '각', 모양을 뜻하는 '형'이라는 글자가 모여서 '삼각형'이 되었단다.

이 사물들의 모양을 잘 관찰해 보면 모두 뾰족한 부분이 세 개 있고, 곧은 선 세 개로 둘러싸여 있다는 것을 알 수 있어. 삼각형에서 뾰족한 부분을 **꼭짓점**이라고 하고, 곧은 선을 **변**이라고 한단다.

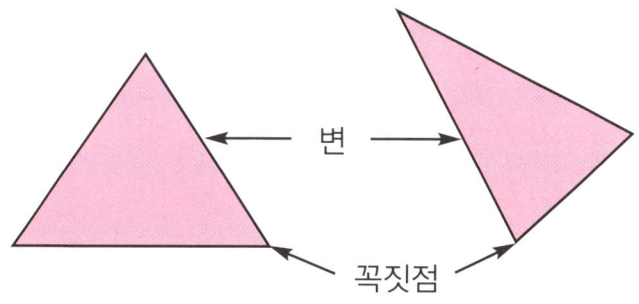

'변'과 '꼭짓점'은 뒤에서 배울 다른 도형에도 나오니까 꼭 기억해 두자. 자, 이번에는 기하판에 고무줄로 여러 가지 모양의 삼각형을 만들어 보고, 이 모양대로 종이 위에 점을 찍어 삼각형을 그려 보렴.

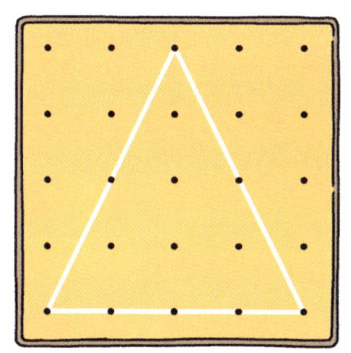 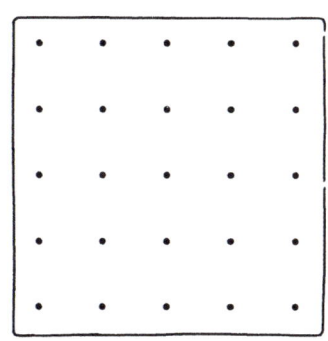

삼각형의 특징
① 변이 3개
② 꼭짓점이 3개

반듯반듯, 사각형

우리 주변에서 흔히 볼 수 있는 텔레비전과 휴대 전화야. 이 둘의 공통점은 무엇일까? 그래, 바로 네 모난 모양이라는 거야. 앞에서 변의 수와 꼭짓점의 수가 각각 3개인 도형을 삼각형이라고 했어. 그럼 이 모양들은 뭐라고 부를까? 눈치가 빠른 친구들은 금방 알았을 거야.

四角形
넉 사 뿔 각 모양 형

삼각형과 사각형은 이름이 비슷한데? 아하! '삼각형'의 三(석 삼)을 四(넉 사)로 바꾼 '사각형'이구나.

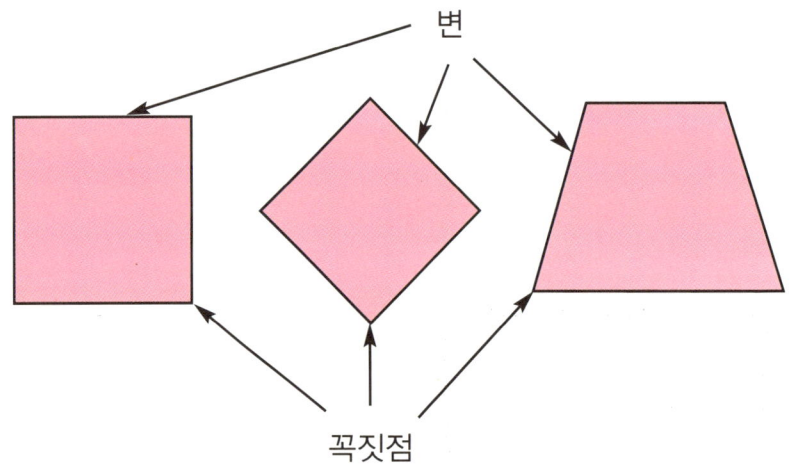

□ 모양의 도형은 **사각형**이라고 부르지. 위와 같이 사각형은 꼭짓점이 4개, 변이 4개란다.

텔레비전과 휴대 전화 말고도 우리 주변에서 볼 수 있는 사각형의 사물들을 찾아보렴.

이번에는 고무줄로 기하판 위에 여러 모양의 사각형을 만들어 보고 점 종이 위에 직접 그려 보자.

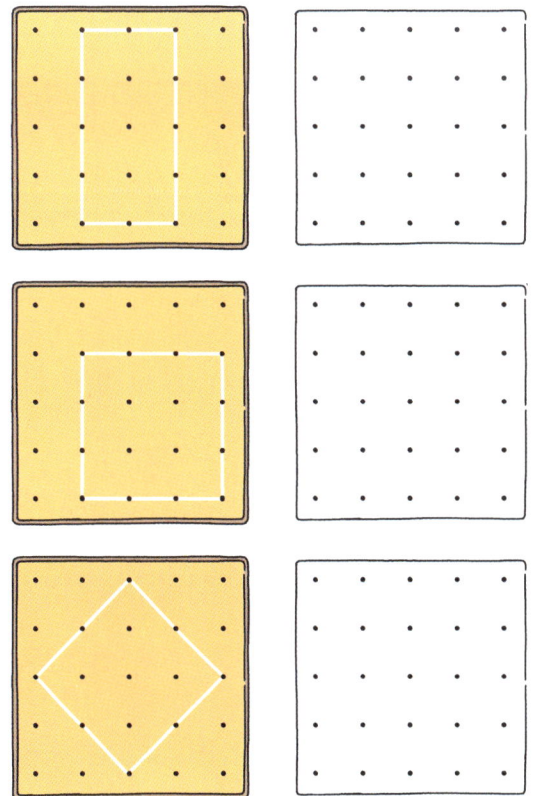

침대, 옷장, 책상, 칠판도 사각형이야. 사각형은 변이 4개 있고 꼭짓점도 4개야.

오각형과 육각형

앞에서 배운 도형들을 떠올리면서 외계인 친구의 모습에 대해 이야기해 볼까?

미국 국방부 건물을 위에서 내려다본 모습이야. 어떤 모양으로 보이니?

: 와, 몸이 여러 가지 도형으로 되어 있어요!

: 그런데 우리가 배우지 않은 모양이 있어. 몸통이랑 발 모양 말이야.

: 나도 그 얘기를 하려고 했는데! 몸통 모양은 변과 꼭짓점이 5개야. 발 모양은 변과 꼭짓점이 6개이고.

: 변과 꼭짓점을 잘 기억하고 있구나. 그럼, 외계인 몸통 모양의 도형과 발 모양의 도형 이름은 무엇일까?

: 변과 꼭짓점이 3개면 삼각형, 4개면 사각형이었으니까 변과 꼭짓점이 5개면 오각형, 6개면 육각형 아닐까요?

수리가 제대로 맞혔어. 변이 5개인 도형은 **오각형**이라고 하고, 6개인 도형은 **육각형**이라고 해. 우리 주변에 오각형과 육각형으로 되어 있는 물건은 어떤 것이 있을까? 축구공의 무늬나 벌집의 모양을 잘 살펴보면 오각형과 육각형을 찾을 수 있어.

고무줄로 오각형과 육각형을 기하판 위에 나타내 보면 다음과 같아.

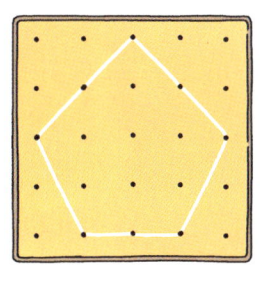 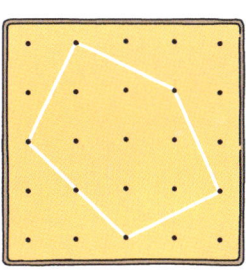 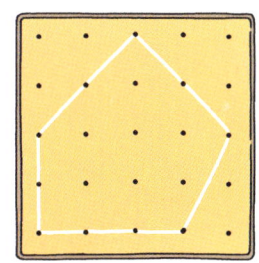

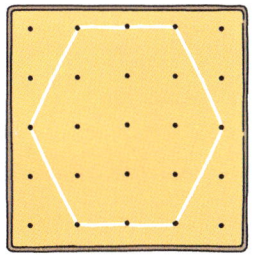 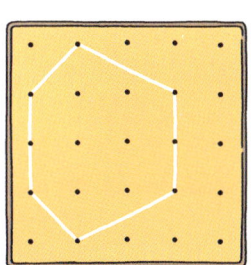

육각형이 여기에 있었네!

벌집

색연필

육모 얼레

납작납작 별 외계인 친구가 우주선을 예쁘게 색칠하려고 한대. 다음 각 도형의 색깔과 모양에 맞추어서 색칠하자.

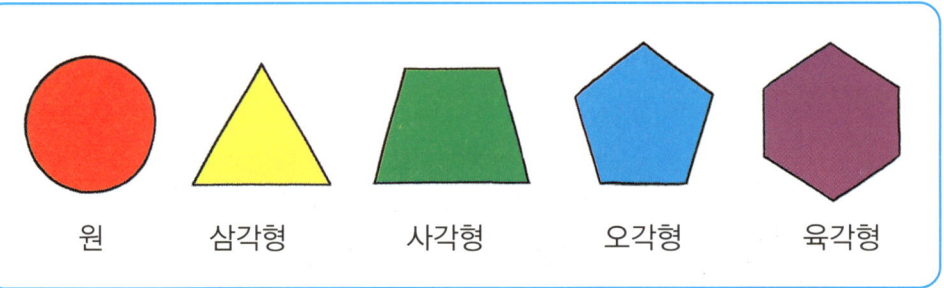

원   삼각형   사각형   오각형   육각형

 여러 가지 도형 조각이 7개 있어. 보기 처럼 조각들을 여러 개 합쳐서 또 다른 모양의 삼각형과 사각형을 만들어 보렴.

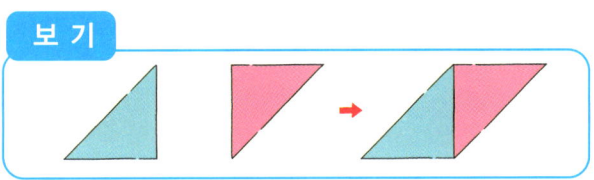

❶ 두 조각으로 삼각형과 사각형 만들기

삼각형	사각형

❷ 세 조각으로 삼각형과 사각형 만들기

삼각형	사각형

핵심 콕콕

삼각형 5개, 사각형 2개로 이루어진 7개의 조각들을 '칠교판'이라고 해. '탱그램'이라고도 하지. 이 조각들로 사람, 동물, 건물 등 여러 가지 재미있는 모양을 만들 수 있단다.

쏙쏙 개념 ⑧

쌓기나무

2학년 2학기
규칙 찾기

쌓은 모양을 보고 똑같이 쌓기

외계인 친구는 납작납작 별에서 모두 납작한 모양의 물건들을 보다가 쌓기나무로 만든 모양들을 보니 신기한가 봐.

납작납작 별 친구에게 쌓기나무로 여러 가지 모양 만드는 방법을 알려 주자. 너희도 아래의 쌓기나무 모양을 보고, 쌓기나무의 위치, 개수를 잘 관찰한 다음에 똑같이 쌓아 보렴.

작은 우유갑의 윗부분을 접어 평평하게 만들어, 쌓기나무 대신 사용해도 돼!

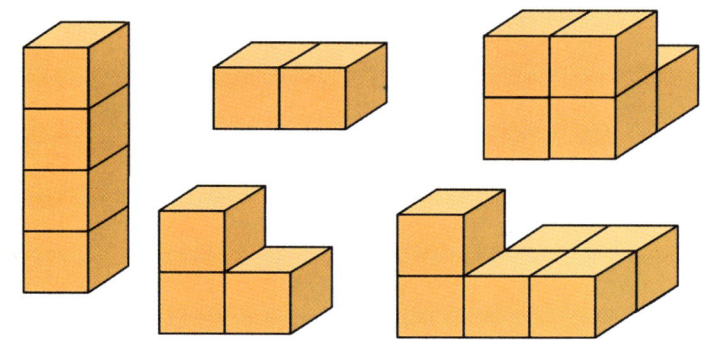

쌓기나무로 여러 가지 모양 만들기

이제부터는 정해진 개수의 쌓기나무로 우리 주변의 사물들과 비슷한 모양을 만들어 보는 놀이를 해 보자!

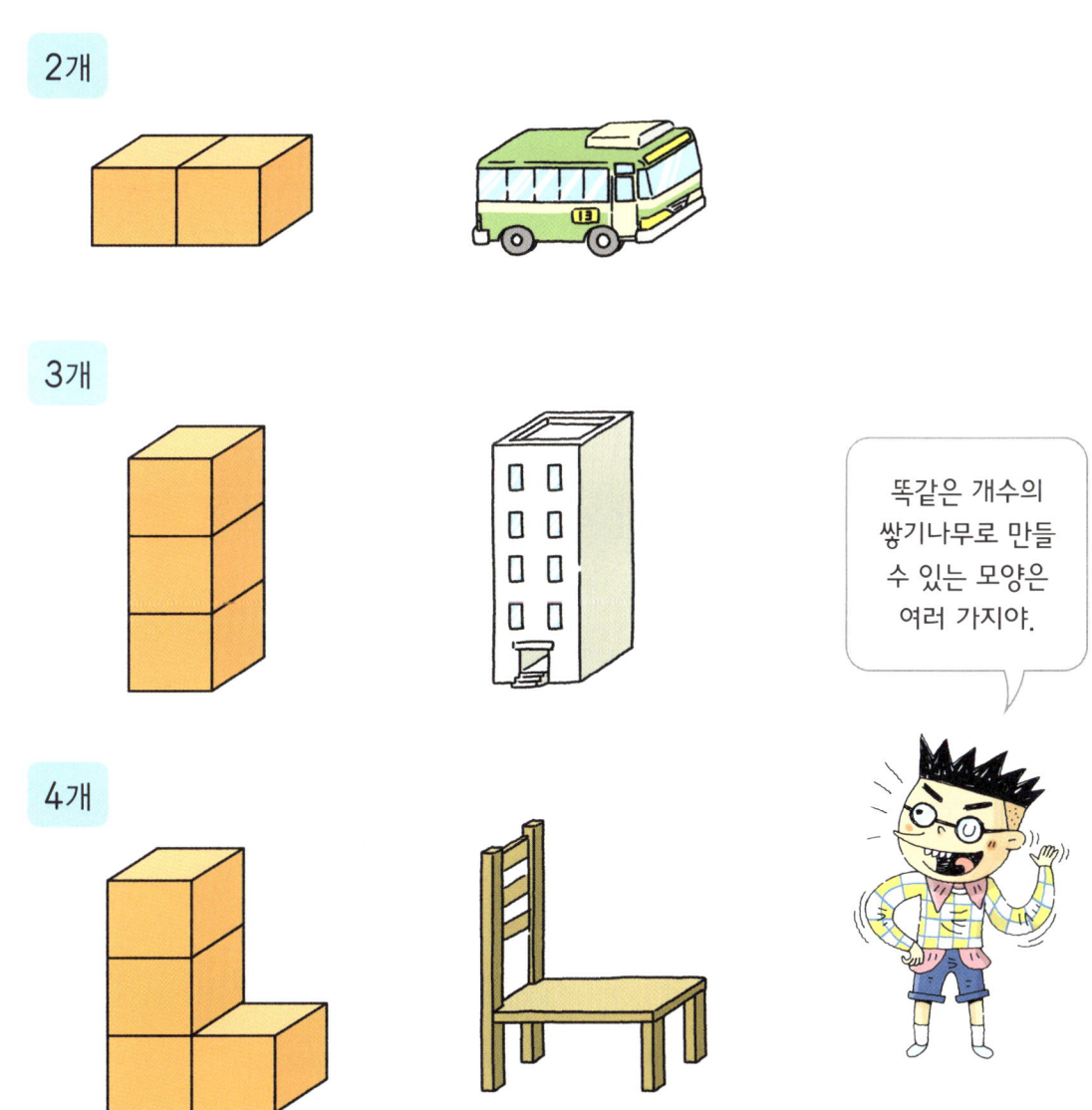

5개

6개

쌓기나무의 개수를 셀 때는 보이지 않는 쌓기나무에 주의해야 한다.

 몇 개의 쌓기나무만으로도 주변의 사물들과 비슷한 모양을 만들 수 있다니 신기하지?

 친구가 쌓은 쌓기나무를 그대로 따라서 쌓아 보거나, 모두 몇 개의 쌓기나무가 사용되었는지 알아맞혀 보는 놀이도 해 볼 수 있단다.

①  ②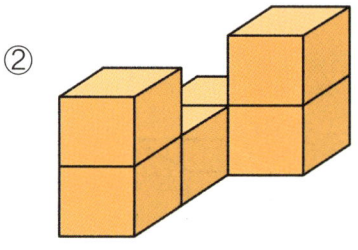

 ①과 ②의 모양대로 쌓으려면 쌓기나무가 각각 몇 개씩 필요할지 생각해 보고, 직접 쌓아 보렴.

납작납작 별 외계인 친구도 쌓기나무 놀이가 꽤 재미있었나 봐. 편지까지 보냈으니 말이야.

지구의 친구들, 안녕?
너희 덕분에 쌓기나무 놀이를 해 볼 수 있어서 정말 재미있었어.
납작납작 별 친구들에게도 알려 주었더니 모두 신기해 했단다. '지구에는 이런 모양도 있구나!' 하고 말이야. 덕분에 난 여기 친구들과 더 친해졌지.
쌓기나무로 여러 가지 장난감이랑 놀이 기구도 만들어 보려고 해. 정말 고마웠어!

납작납작 별의 외계인 친구로부터

탄탄 실력 8

지수와 수리가 쌓기나무로 여러 가지 모양을 만들었어. 각각의 모양을 보고 물음에 답해 보렴.

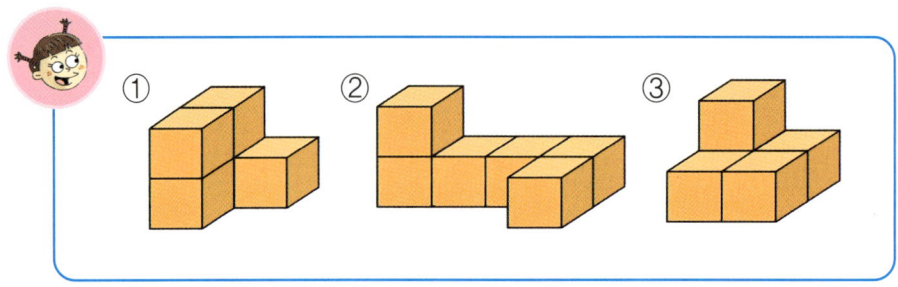

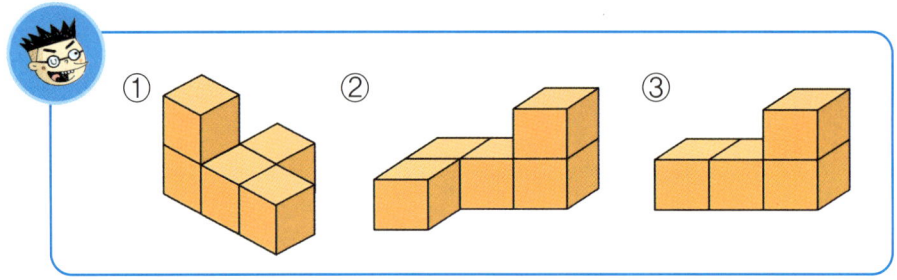

1 몇 개의 쌓기나무를 사용했는지 개수를 적어 보자.

: ① (　　　)개, ② (　　　)개, ③ (　　　)개

: ① (　　　)개, ② (　　　)개, ③ (　　　)개

2 지수와 수리 중에 쌓기나무를 더 많이 쓴 사람이 누구인지 알아보고, 몇 개를 더 썼는지 써 보자.

3 보이지 않는 쌓기나무가 있는 것에 ○표해 보렴.

 각각의 쌓기나무를 움직여서 보기 의 모양을 만들려고 해.

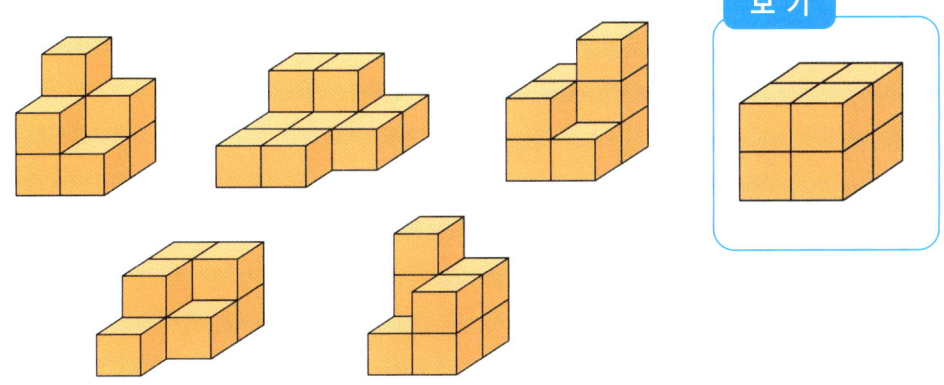

❶ 위에서 보기 의 모양을 만들 수 없는 쌓기나무에 ○표해 보고, ○표한 쌓기나무는 모두 몇 개로 쌓았는지 써 보자.

(   )개

❷ 위에서 ○표한 쌓기나무의 개수로 쌓을 수 있는 쌓기나무 모양이 아닌 것을 아래에서 찾아 ○표해 보렴.

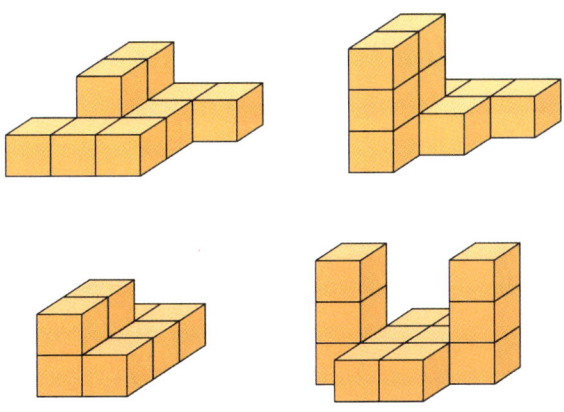

이야기 수학 ❹

기하학의 아버지, 유클리드

고대 그리스의 수학자 유클리드에 대해 들어본 적이 있니? 유클리드는 도형이나 공간 등을 연구하는 학문인 '기하학'의 체계를 처음으로 세운 사람이야. 당시 기하학에 대한 지식이나 주장은 다양했는데, 유클리드가 이 모든 결과를 체계적으로 정리해 《기하학 원론》이라는 책을 썼어. 이 책에서는 점, 선, 직선의 뜻을 다음과 같이 정리했어.

▲ 유클리드 (기원전 323~285)

그리스의 수학자로 그의 생애에 대한 기록은 남아 있지 않으나 그가 쓴 《기하학 원론》 13권은 후대 기하학 연구에 큰 영향을 미쳤다.

- 점이란 크기가 없고, 위치만 표시하는 것이다.
- 선이란 길이가 있고, 폭은 없는 것이다. 선의 양 끝은 점이다.
- 똑바로 곧은 선(직선)은 그 위의 점에 대해 똑같이 가로놓인 선이다.

우리가 지금 수학 교과서에서 배우고 있는 도형과 관련된 여러 가지 사실들은 《기하학 원론》에서 소개하고 있는 내용들이란다.

나중에 다시 배우겠지만, '선'에 대해 조금 더 알아보자.

우리가 사는 동네의 길을 살펴보면 구불구불한 길도 있고, 곧게 쭉 뻗은 길도 있어. 두 건물 사이가 구불구불한 길과 곧은 길이 있을 때, 같은 빠르기로 걷는다면 어느 길로 가는 게 더 빠를까? 물론 쭉 곧은 길로 가는 게 더 빠르겠지?

'구불구불한 길', '곧은 길'과 같이 '굽은 선'과 '곧은 선'이 있어. 이때 굽은 선을 '곡선'이라고 하고, 곧은 선은 '선분' 또는 '직선'이라고 한단다.

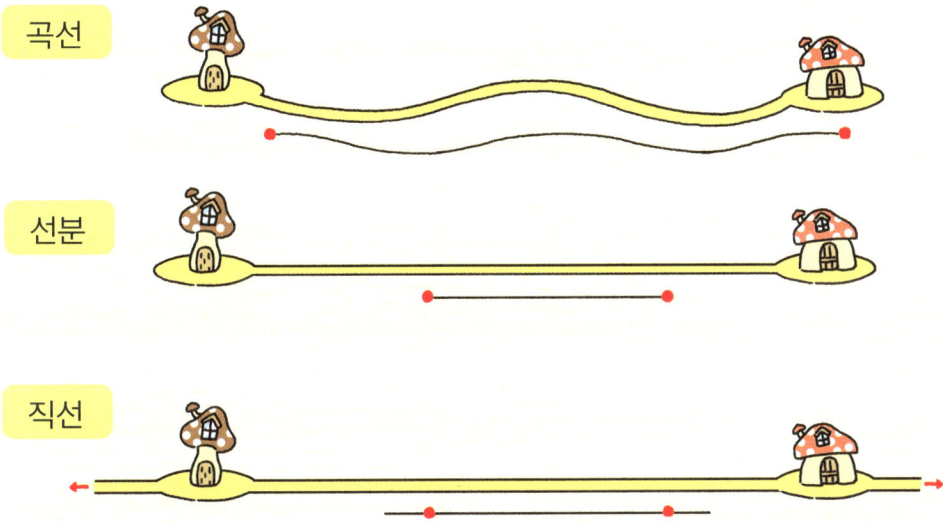

그런데 수학에서 선분과 직선은 조금 다르게 쓰여.

두 건물 사이의 길이 곧을 경우 두 건물을 점이라고 생각하고, 두 점을 이으면 곧은 선이 그려져. 이렇게 두 점을 곧게 이은 선이 선분이야. 건물과 건물을 연결하는 길의 양쪽으로도 끝없는 길이 있다고 생각하고 선을 쭉 그었을 때, 이 곧은 선은 바로 직선이란다.

똑똑 수학 일기 ④

| 날짜 20◇♡년 △월 ◇일 | 날씨 가랑비 내림 |

제목 최고가 낸 문제를 알아맞히다!

드디어 나최고가 낸 문제의 답을 알아냈다. 답은 바로 '사각형'이었다! 도형에 대해 공부하고 나서야 케이크 상자, 에어컨, 신문은 모두 사각형이라는 것을 떠올릴 수 있었다. 여러 가지 도형에 대해 공부하고 나니까 자꾸만 주변의 모든 사물들이 도형으로 보인다. 이런 문제를 만들어 낸 나최고도 실력자인 것 같다. 함부로 잘난 척하지 말고 실력을 더 쌓는 겸손한 사람이 되어야지.

친구가 문제로 낸 물건들의 공통점이 사각형이라는 걸 알아냈구나. 주변 사물들로부터 여러 가지 도형을 연상시키는 모습과 친구의 실력을 인정하는 마음까지! 역시, 자랑스러운 나의 제자야.

유리 구두의 주인을 찾아라!

이야기 속 유리 구두의 주인은 신데렐라야. 그런데 신데렐라의 큰언니도, 작은언니도 각자 자기 손으로 잰 발 길이는 1뼘이었어. 그래서 자기가 서로 유리 구두의 주인이라며 티격태격했어. 하지만 왕자님이 찾는 유리 구두의 주인은 왕자님의 손 1뼘에 맞는 발 길이를 가진 사람이었고, 그게 바로 신데렐라였지.

이렇게 손으로 재는 방법 말고도, 길이를 재는 방법은 여러 가지가 있어. 그런데 길이를 재는 기준이 사람마다 다르면, 불편하고 헷갈릴 수도 있지.

길이를 재는 방법들을 알아보고, 어떻게 하면 좀 더 편리하고 정확하게 길이를 잴 수 있을지 생각해 보자.

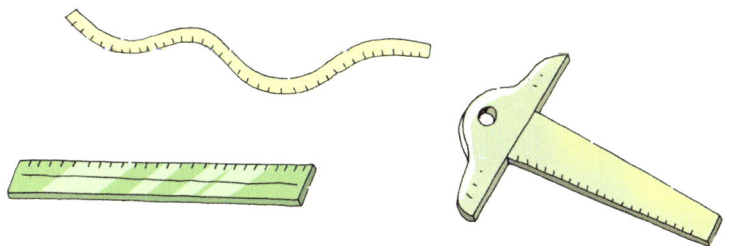

 개념 이어 보기

앞에서 배운 개념	이번에 배울 개념	뒤에서 배울 개념
• 비교하기 • 시계 보기(몇 시, 몇 시 30분)	• 길이 재기(cm, m) • 시각 읽기(몇 시 몇 분)	• 길이의 단위(mm, km) • 초 단위까지의 시간 알아보기

쏙쏙 개념 9

길이 재기

2학년 1학기
길이 재기

몸을 이용하여 길이 재기

너희에게 간단한 퀴즈를 하나 낼게. 선생님이 들려주는 속담을 잘 듣고, 이번에 우리가 배울 내용이 무엇일지 예상해 보렴.

> "한 치 앞도 못 내다본다."
> "열 길 물 속은 알아도 한 길 사람 속은 모른다."

두 개의 속담 속에 공통으로 나오는 것을 찾았니? 그래, 두 속담 속에는 수를 나타내는 말 뒤에 '치', '길'과 같은 말들이 나와. 이 말들은 모두 길이를 나타내는 단위란다.

'치'는 손가락 하나 굵기 정도의 길이를 뜻해.

'길'은 어른의 키 정도의 길이를 나타내는 말인데, 예전에 주로 물의 깊이나 절벽의 높이 등을 잴 때 썼단다.

옛날 서양에서는 팔꿈치부터 가운뎃손가락 끝까지의 길이를 뜻하는 '큐빗', 발 길이를 뜻하는 '피트'를 쓰기도 했대.

이 밖에도 팔을 앞으로 쭉 폈을 때, 코끝에서 손가락 끝까지의 길이를 '마'라고 해서 주로 옷감 길이를 잴 때 썼는데, 지금도 많이 사용하고 있어. '발'이라는 말은 양팔을 옆으로 쭉 폈을 때, 한쪽 손 끝에서 다른 쪽 손 끝까지의 길이를 나타내는데, 옛날에 줄처럼 긴 물체의 길이를 말할 때 주로 사용했지.

이처럼 예전에는 몸의 일부분을 이용해서 길이를 쟀는데, 이렇게 **어떤 길이를 재는 기준이 되는 단위**를 **단위길이**라고 해. 몸의 일부를 단위길이로 해서 여러 가지 물건의 길이를 재어 보렴.

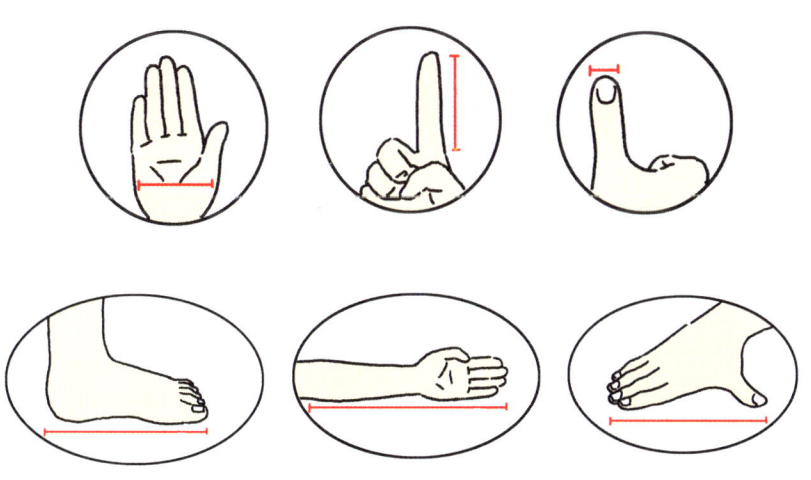

옛날에는 사람 몸이 중요한 단위 길이였단다. 이 단위길이는 나라마다 지역마다 시대마다 조금씩 달랐지.

물건을 이용하여 길이 재기

이번에는 몸의 일부가 아닌 다른 단위길이도 생각해 보자. 너희가 가지고 있는 물건들로 집 안 곳곳에서 길이를 재어 보는 거야. 탁자의 길이를 재려고 한다면 어떤 물건으로 잴 수 있을까? 연필, 지우개, 클립, 젓가락 등으로 탁자의 길이를 재어 보자.

허리나 손목과 같은 둥근 곳의 길이는 리본이나 실 같은 것으로 잴 수 있겠지.

여러 가지 물건으로 길이를 재어 보면 물건의 특징에 따라 조금씩 다른 점을 알 수 있어. 클립처럼 작은 물건은 너무 짧아서 물건 위에 여러 번 이어 놓으며 길이를 재기가 힘들었을 거고, 연필이나 젓가락 같은 것으로는 허리나 손목과 같은 둥근 곳을 잴 수가 없었을 거야. 그래서 길이를 잴 물건에 알맞은 것으로 길이를 재야 해.

단위길이가 다르면 어떻게 될까?

 단위길이에는 몸의 일부분이나 물건 등 여러 가지가 있다는 것을 잘 알았지? 그런데 만약에 같은 물건의 길이를 서로 다른 단위길이로 잰다면 어떻게 될까? 공책의 길이를 재기 위해 연필을 단위길이로 정했다고 해 보자. 사람마다 가지고 있는 연필의 길이가 다를 수도 있으니까 공책의 길이도 제각각이 되겠지.

 또 '뼘'과 같이 몸을 단위길이로 한다고 해도 문제가 있어. 손의 크기나 발의 크기 등은 사람마다 다르기 때문에 정확한 길이를 알 수가 없지. 같은 '한 뼘'이라고 해도 아빠의 한 뼘과 아기의 한 뼘은 다를 테니까. 앞에서 신데렐라의 유리 구두를 서로 자기 구두라고 우겼던 신데렐라 언니들의 경우처럼 말이야.

> 뼘은 손을 쫙 폈을 때 엄지손가락의 끝에서부터 세 번째 또는 네 번째 손가락의 끝부분까지의 가장 긴 길이를 나타내는 단위란다.

이런 문제들을 어떻게 해결할 수 있을까? 같은 길이의 물건을 단위길이로 정하여 길이를 재면 되겠지.

그러면 이제 길이를 편리하게 잴 수 있는 도구를 직접 만들어 보는 거야.

하나는 똑같은 크기의 클립을 5개 연결해서 만든 것이고, 다른 하나는 지우개 1개 길이만큼 종이로 접어 나타낸 것이야.

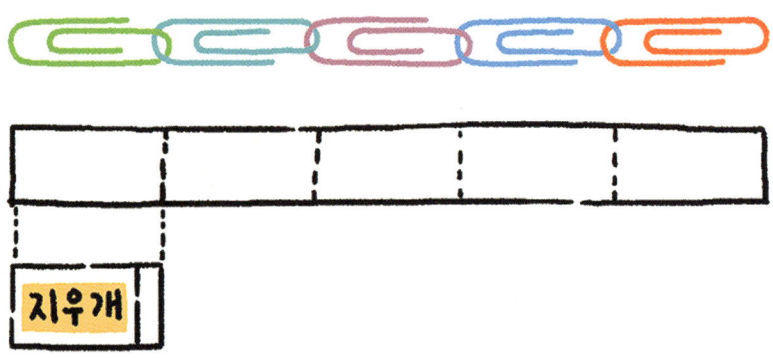

물건을 이용한 단위길이로 길이를 나타낼 때에는 '~의 ○배'라는 말로 나타내면 돼.

위의 도구들로 탁자의 길이를 잰다면 어떨까? 클립 한 개 또는 지우개 한 개를 여러 번 옮기며 길이를 잴 때보다 훨씬 편리하게 길이를 잴 수 있어.

하지만 물건의 길이를 잴 때마다 이렇게 도구를 만들어 잴 수는 없어. 또 도구를 만들어 잰다고 해도 정확한 길이를 알 수는 없지. 그래서 간편하면서도 정확하게 길이를 잴 수 있는 방법을 정해서 사용하기로 했단다.

자의 눈금을 바르게 읽어 봐

간편하면서도 정확하게 길이를 잴 수 있는 도구! 벌써 답을 알고 있는 친구들도 많을 거야. 그래, 바로 '자'란다. 자를 한번 자세히 들여다보렴. 자의 눈금은 0부터 시작하고, 눈금 한 칸의 크기는 모두 같지.

자에 써 있는 숫자와 숫자 사이, 즉 ⊢―⊣의 길이를 1cm로 쓰고, **일 센티미터**라고 읽어. 자로 길이를 재면 누가 재든 똑같은 길이가 나오고, 무엇을 재든 숫자 표시로 정확한 길이를 알 수 있지. 자는 쓰임에 맞게 여러 종류가 있단다.

1cm는 엄지 손가락 너비와 비슷한 것 같아!

자로 길이를 재어 볼까?

자를 사용해서 여러 가지 물건들의 길이를 재어 보자. 어떻게 재는 것이 좋을까?

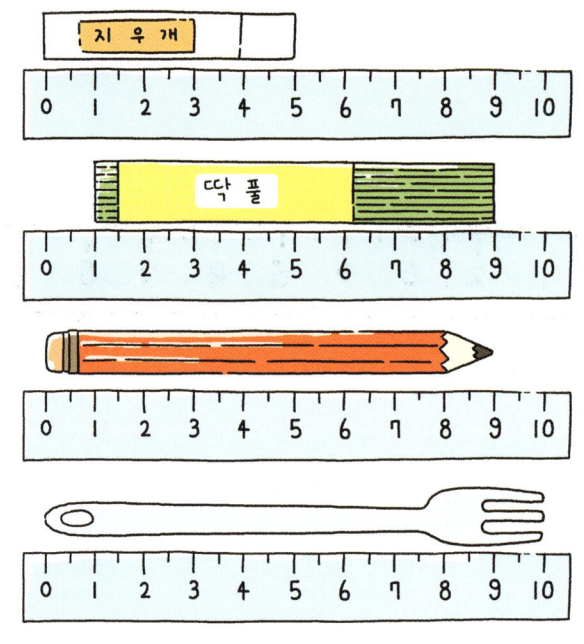

만약에 지우개를 2cm에 맞춰서 쟀다면 끝은 7cm가 되겠네?

위와 같이 자로 어떤 물건의 길이를 잴 때는 물건의 한쪽 끝을 자의 눈금 0에 잘 맞추고 다른 쪽 끝이 가리키는 눈금을 읽으면 된단다.

그런데 풀과 연필의 끝이 모두 9cm를 가리키니까 둘은 길이가 같을까? 그렇지 않아. 풀은 1cm부터 시작되니까 맨 끝이 가리키는 9cm에서 1cm를 빼야 해. 따라서 풀의 길이는 9-1=8cm야.

길이를 어림해 보자

자는 없고, 대강의 길이를 알아야 할 때는 어떻게 할까? 이제 1cm의 길이가 대강 어느 정도인지 알 테니까, 머릿속으로 길이를 어림할 수 있을 거야. 만약 엄마에게 선물할 양말을 산다고 할 때 길이를 어림해 보려면 양말을 보고 1cm의 길이를 떠올리면서 **'몇 cm쯤** 되는 것 같다, **약 몇 cm**이다' 라고 하면 돼. 어림하여 산 양말의 길이를 자로 재었더니 양말의 길이가 자의 눈금과 딱 맞지 않으면 양말의 길이는 몇 cm라고 할 수 있을까?

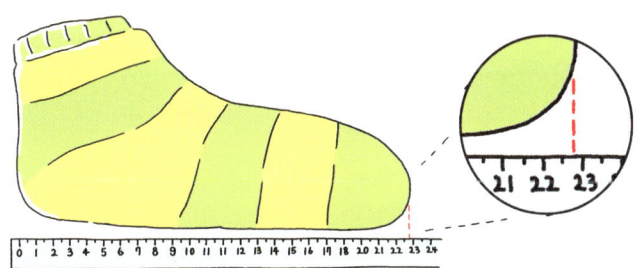

물건의 끝이 자의 눈금 사이에 있을 때에는 가까이에 있는 쪽의 숫자를 읽으면서 '약 몇 cm' 라고 하면 된단다. 위에서 양말의 길이는 22보다 23에 가까우니까 **'약 23cm'** 라고 할 수 있어. 또는 **'23cm 조금 못 된다'** 라고 할 수도 있단다.

어떤 길이가 눈금 사이에 있을 때는 가까이 있는 쪽의 길이를 말하고 '약 ☐cm'라고 하면 돼.

1m는 어떤 길이일까?

우리 몸의 길이 중 너희가 가장 궁금해할 만한 것! 키를 재어 보자. 키를 재는 자는 따로 있는데, 주로 병원에 가거나 신체검사를 할 때 볼 수 있어. 키를 재면 보통의 친구들은 100cm가 훨씬 넘을 거야. 이 100cm는 다르게 쓰기도 하는데, 100cm를 1m로도 써. **1m**는 **일 미터**라고 읽지.

$$100cm = 1m$$

두 친구가 각각 키를 재고 있어. 한 친구의 키가 132cm였어. 132cm는 100cm보다 32cm 더 큰 것이니까 **1m 32cm**로 쓰고, **1미터 32센티미터**라고 읽어. 또 다른 친구의 키는 130cm였지. 130cm는 100cm보다 30cm가 더 큰 것이니까 **1m 30cm**로 쓰고, **1미터 30센티미터**라고 읽는단다.

우리 주변에 1m가 넘는 길이를 가진 것들에는 칠판의 가로 길이, 건물의 높이, 교실 문의 세로 길이 등이 있어.

길이를 더하고 빼 보자.

가끔 길이를 더하거나 빼야 할 일이 생기기도 해. 길이는 어떻게 더하고 뺄까? 생각보다 아주 쉬워.

앞의 두 친구의 키를 더한다고 할 때, 1m 32cm와 1m 30cm를 더하려면 우선 단위가 같은 것끼리 더해. 그러니까 1m와 1m를 더하고, 32cm와 30cm를 더하면 된단다.

$$\begin{array}{r} 1\text{m }32\text{cm} \\ +\ 1\text{m }30\text{cm} \\ \hline 2\text{m }62\text{cm} \end{array}$$

길이의 덧셈에서 cm끼리 더했을 때 100cm가 넘으면 1m를 올려 주면 돼.

길이의 뺄셈도 같은 방법으로 하면 돼. 키가 큰 친구의 키에서 작은 친구의 키를 빼려면 더할 때와 마찬가지로 단위를 맞춰서 뺄셈을 하면 되지.

$$\begin{array}{r} 1\text{m }32\text{cm} \\ -\ 1\text{m }30\text{cm} \\ \hline 2\text{cm} \end{array}$$

길이의 뺄셈에서 cm끼리 뺄 수 없을 때는 m에서 100을 내려서 계산해.

탄탄 실력 9

수리, 지수, 선생님은 놀이공원에 놀러갔어.

1 '귀신의 집'에 들어가기 위한 열쇠를 찾아보자.

귀신의 집에 오신 걸 환영합니다. 이 방에 들어가려면 아래 4개의 열쇠들 중 하나를 골라서 문을 열고 들어가야 합니다. 열쇠를 찾기 위해 🖇 을 이용해야 합니다. 이 방문의 열쇠는 🖇 길이(1cm)의 4배입니다.

①    ②    ③    ④

2 꽃밭에 있는 여러 가지 꽃들의 길이를 재기에 가장 알맞은 단위길이를 골라 선으로 이어 보자.

6cm 꽃　　　　10cm 꽃　　　　8cm 꽃

●　　　　　　●　　　　　　●

●　　　　　　●　　　　　　●

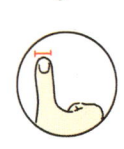　　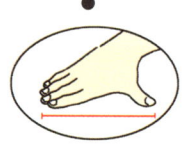　　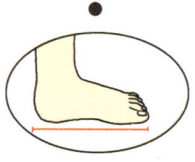

엄지손가락 마디(2cm)　　한 뼘(10cm)　　한 발(20cm)

3 선생님과 수리, 지수는 간식을 하나씩 골랐는데, 수리가 큰 걸 먹겠다며 자로 길이를 재려고 해. 몇 cm인지 쓰고 읽어 보렴.

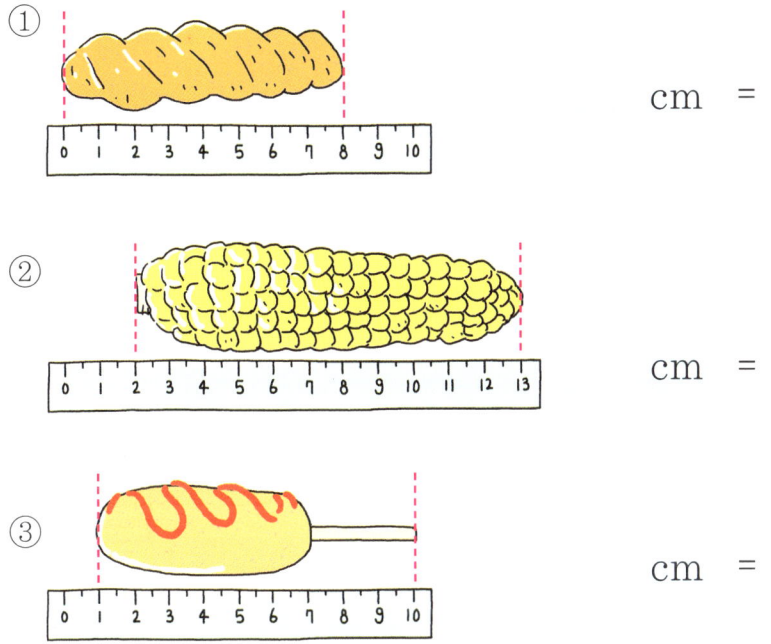

① cm =

② cm =

③ cm =

4 신 나는 제트 열차를 타려면 키가 1m 30cm가 넘어야 해. 열차를 탈 수 있는 사람은 빈칸에 ○를 그려 보고, 열차를 못 타는 사람은 키가 얼마만큼 더 커야 하는지 써 보렴.

사람	키	열차를 탈 수 있는 사람
	1m 32cm	
	1m 26cm	
	1m 65cm	

쏙쏙 개념 ⑩ 시각과 시간

2학년 2학기
시각과 시간

시각을 읽어 볼까?

놀이공원에 놀러 간 선생님과 친구들이 열심히 돌아다니다 보니 배에서 꼬르륵, 배꼽시계가 울리지 뭐니?

시계를 보니까 짧은바늘이 숫자 1, 긴바늘이 숫자 12를 가리키고 있었지. 그래서 우선 점심부터 먹고 나서 시간의 나라 퍼레이드를 보러 가기로 했단다. 점심을 먹으면서 퍼레이드 시간표를 살펴보았어.

퍼레이드	장소	시작 시각	진행 시간
환상의 나라	중앙 광장	10시 30분	60분
꽃의 왕국	서쪽 광장	11시 45분	1시간 10분
시간의 나라	중앙 광장	2시 15분	60분
동물의 왕국	서쪽 광장	3시 45분	1시간 10분

시간의 나라 퍼레이드는 2시 15분에 시작해. 늦지 않게 가려면 시계에서 시각을 제대로 읽을 줄 알아야겠다. 시계에서 긴바늘이 숫자 1, 2, 3,…을 가리키면 각각 5분, 10분, 15분,…을 나타내. 위의 오른쪽 그림의 시계에

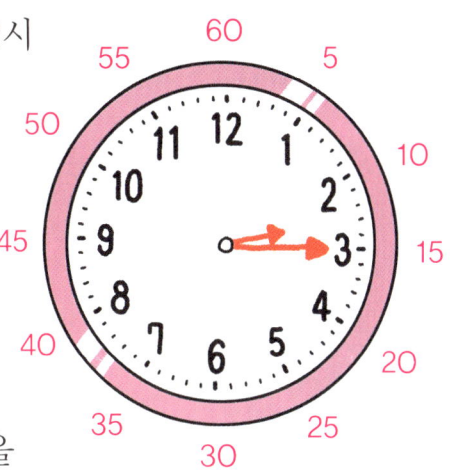

서처럼 긴바늘이 3을 가리키고, 짧은바늘이 2와 3 사이에 있을 때, 즉 2시 15분이 되어야 시간의 나라 퍼레이드가 시작되지.

점심을 먹고 나서 시계를 보니 오른쪽과 같았어. 시계가 나타내는 시각은 몇 시일까? 짧은바늘이 1과 2 사이에 있고, 긴바늘이 8을 조금 지났어. 시계에서 긴바늘이 가리키는 작은 눈금 한 칸은 1분을 나타내. 8에서 2칸 더 갔으니까, 그림의 시계가 나타내는 시각은 1시 42분이란다.

시각과 시간을 정확히 구분하자면, 시각은 시간의 어느 한 때를 뜻하고, 시간은 시각과 시각 사이의 간격을 뜻해.

한 시간은 60분

놀이공원에 처음 도착한 시각은 9시 30분이었고, 점심을 먹기 시작한 시각이 1시였어. 9시 30분부터 10시 30분까지는 1시간, 11시 30분까지는 2시간, 12시 30분까지는 3시간이고, 12시 30분부터 30분이 더 지나야 딱 1시가 되니까 놀이공원에 도착해서 점심 먹기 전까지 논 시간은 3시간 30분이야.

시계의 긴바늘이 한 바퀴 도는 데 걸리는 시간은 60분이고, **60분은 1시간**이지.

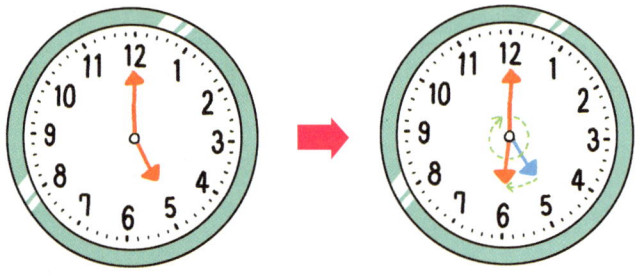

1시간 후 = 60분 후

3시 50분은 4시 10분 전이라고 말할 수 있겠네?

앗, 시간이 벌써 이렇게 되었네. 몇 시인지 읽을 수 있겠니? 그래, 1시 55분이야. **1시 55분**은 다른 말로 **2시 5분 전**이라고도 한단다. 이제 시간의 나라 퍼레이드를 보러 갈까?

하루는 24시간

드디어 시간의 나라 퍼레이드가 시작되었어. 시간의 여왕과 사람들은 행진하며 이 나라 사람들의 하루를 보여 주었어. 아침 7시에 일어나 다음 날 다시 아침 7시가 될 때까지의 모습을 춤과 노래로 보여 주었지.

시간의 나라 퍼레이드에서 보여 주는 하루는 모두 몇 시간 동안의 모습일까? 퍼레이드를 시작할 때 시계 요정이 아침 7시 시계를 들고 나왔고, 퍼레이드가 끝날 때 다시 아침 7시 시계를 들고 나왔어. 아침 7시부터 저녁 7시까지 12시간이 지났고, 저녁 7시부터 그 다음 날 아침 7시까지 또 12시간이 지났으니까 합해서 12+12=24시간, 즉 **하루는 24시간**이야.

1일 = 24시간

밤 12시부터 낮 12시까지는 오전, 낮 12시부터 밤 12시까지를 오후라고 해.

시계의 짧은바늘이 한 바퀴 돌아 제자리로 돌아오면 12시간이군.

밤 12시부터 낮 12시까지를 **오전**이라고 하고, 낮 12시부터 밤 12시까지를 **오후**라고 한단다. 오전도 12시간, 오후도 12시간이야.

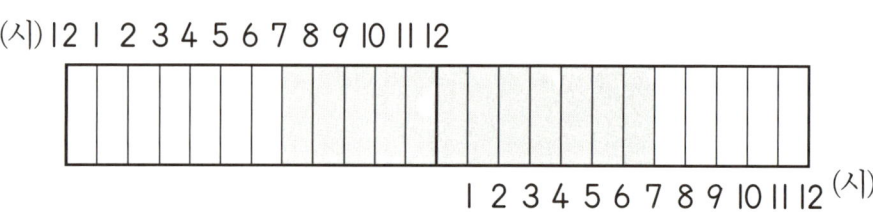

달력도 볼 수 있어요

24시간은 하루, 하루가 몇 번 지나면 일주일이지? **일주일**은 월, 화, 수, 목, 금, 토, 일 모두 **7일**이야. 그럼 한 달은 며칠일까? 달력을 보면서 알아보자.

일	월	화	수	목	금	토
			1	2	3	4
5	6	7	8	9	10	11
12	13	14	15	16	17	18
19	20	21	22	23	24	25
26	27	28	29	30	31	

31일까지 있지? 집에 있는 달력을 한번 쭉 넘겨 보렴. 1월부터 12월까지 있는데, 어떤 달은 30일까지 있고, 어떤 달은 31일까지 있어. 그리고 28일까지 있는 달도 있어. 이렇게 달마다 날의 수가 조금씩 달라.

31일까지 있는 달은 1, 3, 5, 7, 8, 10, 12월이고, 30일까지 있는 달은 4, 6, 9, 11월이야. 그리고 2월은 28일 또는 29일까지 있단다.

1월부터 12월까지는 12개월, **12개월**은 **1년**이지.

1년 후, 그러니까 내년에는 몸도 마음도 더 크고 튼튼해져서 이번에 타지 못한 놀이 기구들도 타고, 멋진 퍼레이드도 보러 놀이공원에 다시 놀러 오자꾸나. 그때에도 선생님과 함께 즐거운 시간을 보내자!

2월의 날 수는 4년에 한 번씩 29일이 돼. 그 외에는 28일이란다.

탄탄 실력 10

놀이공원에서의 즐거웠던 하루를 떠올려 보자.

1 놀이공원 시간표에 맞는 시각을 선으로 이어 보자.

1시 10분

3시 15분

5시 55분

2 수리의 일기장 빈칸에 알맞은 숫자를 채워 보자.

오늘 놀이공원에서 후룸라이드에 도착한 시각은 10시 30분이었고, 후룸라이드를 타고 나온 시각은 10시 50분이었다. 우리가 후룸라이드를 타며 보낸 시간은 ☐ 분이다.

귀신의 집에 도착했을 때 시계를 보니 11시였고, 귀신의 집에서 나왔을 때는 11시 40분이었다. 귀신의 집에서 보낸 시간은 ☐ 분이다. 2시 10분에는 아마존 탐험을 하러 갔다. 35분이 걸려서, 끝나고 나오니 ☐ 시 ☐ 분이었다.

 지수가 달력에 8월 여름 방학 계획을 써 놓았어.

일	월	화	수	목	금	토
			1	2 피아노학원	3	4 수영장 가기
5	6	7 도서관	8 피아노 학원	9 미술학원	10 놀이공원	11
12	13 내 생일	14 미술학원	15 광복절	16 피아노학원	17 친척모임	18
19	20 개학식	21	22 피아노학원	23 미술학원	24	25
26	27	28 미술학원	29	30 피아노학원	31	

❶ 2주에 한 번씩 도서관에 간다면, 8월 7일 다음에 도서관 가는 날은 몇 월 며칠, 무슨 요일인지 써 보자.

☐ 월 ☐ 일 ☐ 요일

❷ 수리의 생일은 지수보다 15일 더 느려. 수리의 생일은 몇 월 며칠이고, 무슨 요일인지 써 보자.

☐ 월 ☐ 일 ☐ 요일

이야기 수학 ⑤
자연을 이용해 만든 달력

달력을 보면 1년이 12개월로 나뉘어 있고, 달마다 보통 30일이나 31일로 되어 있는 것을 알 수 있어. 어떻게 1년이라는 시간을 이렇게 나눴을까? 옛날 사람들은 두 가지 방법으로 시간의 길이를 정했어.

하나는 우리가 흔히 '양력'이라고 알고 있는 '태양력'이야. 태양력은 지구가 태양을 한 바퀴 도는 데 걸리는 시간 365일을 1년으로 정하는 방법이야.

또 다른 방법은 우리가 '음력'이라고 알고 있는 '태음력'이야. 태음력은 달이 지구를 한 바퀴 도는 데 걸리는 시간, 즉 달이 '초승달-상현달-보름달-하현달-그믐달'로 바뀌는 시간을 1개월로 정했지.

태음력의 1개월은 29일이나 30일이 돼. 그런데 태음력으로 하면 1년은 약 354일이 되기 때문에 태양력으로 계산한 1년과 11일 정도 차이가 난단다. 그래서 5년에 두 번 정도 한 달을 더 끼워 넣었지. 태음력으로 1년이 13개월인 해를 '윤년'이라고 해.

우리가 평소에 집에 걸어 놓고 보는 달력은 태양력에 따른 것이야. 이 태양력은 이집트에서 처음 만들어져 사용된 것이라고 해. 이집트가 이처럼 태양력을 만들 수 있었던 것은 나일 강이 규칙적으로 범람했기 때문이야.

▲ **고대 마야의 달력**
1세기 마야인들이 사용한 달력. 태양력을 사용하였으며, 서로 다른 날짜를 나타내는 그림문자 20개가 새겨져 있다.

나일강은 6월이 되면 비가 많이 내려 강물이 넘쳤다가 9월이 되면 다시 줄어드는 일이 규칙적으로 반복되었어. 그런데 강물이 범람하면서 다른 지역에서 떠내려온 영양분 많은 흙이 주위의 땅을 기름지게 만들어서, 강물이 넘친 후에 농사를 지으면 농사가 더 잘 됐지. 이집트인들은 이렇게 규칙적으로 범람하는 나일강을 보면서 시간과 사계절, 1년 등의 개념을 알게 된 거야.

나일강의 범람은 항상 가장 밝은 별인 시리우스가 해뜨기 직전 동쪽 하늘에 떠오를 때부터 시작되었지. 이집트에서는 이때가 연초, 1월이었어. 이집트 사람들은 시리우스를 관측하면서 1년의 길이가 약 365일이라는 것을 알아냈어. 그래서 기원전 18세기 경에 1년을 365일로 하고, 12개월로 나눈 달력을 만들어 사용하기 시작한 거란다.

똑똑 수학 일기 ❺

| 날짜 20♡△년 ◇월 ☆◇일 | 날씨 맑음 |

제목 즐거운 바다낚시

　오늘은 새벽 6시 15분에 눈이 번쩍 떠졌다. 우리 가족이 바다낚시를 가기로 한 날이기 때문이다. 아침을 먹고 7시 25분에 출발해서 9시에 선착장에 도착했다. 작은 배를 타고 바다로 들어가 낚싯바늘에 미끼를 끼우고 낚시를 시작했다. 1시간 후에 아빠가 35cm 정도 되는 물고기를 잡으셨고, 나는 25cm 정도 되는 물고기를 잡았다. 그리고 엄마는 17cm 정도 되는 물고기를 잡았다. 잡은 물고기로 매운탕도 끓여 먹었는데, 정말 맛있었다.

수리가 하루의 일과를 시각별로 잘 나타냈구나. 게다가 낚시로 잡은 물고기의 길이와 단위까지 정확히 쓴 걸 보니, 수학 공부를 한 덕을 톡톡히 본 것 같네.

할머니의 생신

"지수야, 다가오는 26일이 우리 할머니 생신인데, 너도 놀러 올래?"

"와, 맛있는 거 실컷 먹겠네. 근데 26일이 무슨 요일이지?"

"오늘이 12일, 금요일이니까…"

"달력을 봐야겠네. 집에 가서 봐야겠어."

"잠깐!"

"달력쯤이야 내가 그려 주지."

"대~충 이렇게 금, 토, 일, 월…, 그리고…"

12	13	14	15	16
금	토	일	월	화
17	18	19	20	…
수	목	금	토	

"지수야, 달력 안 보고도 날짜와 요일을 아는 방법이 있을 거야!"

수리 말대로 달력을 보지 않고도 날짜와 요일을 아는 방법이 있단다.

일단 집에 있는 달력의 숫자들을 쭉 살펴봐. 그리고 어떤 규칙들이 있는지 찾아보렴. 만약 1일이 월요일이라면, 그 다음 주 월요일은 몇 일이니? 일주일 후니까, 8일이야. 그 다음 주 월요일은 15일이겠지. 자, 규칙이 좀 보이니?

일	월	화	수	목	금	토
	1	2	3	4	5	6
7	8	9	10	11	12	13
14	15	16	17	18	19	20
21	22	23	24	25	26	27
28	29	30	31			

앞에서 배운 덧셈이나 뺄셈, 구구단은 모두 규칙이야. 수의 규칙뿐 아니라, 우리 생활 속에 있는 여러 가지 규칙을 알아보자. 그리고 자료들을 분류하고 정리해 보기 쉽게 나타내는 방법도 알아보자꾸나!

개념 이어 보기

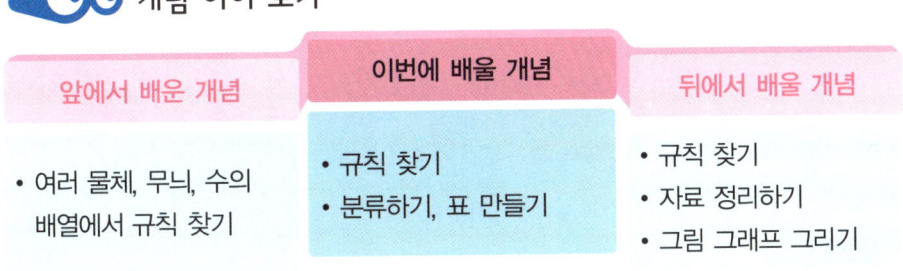

쏙쏙 개념 ⑪

규칙 찾기

2학년 2학기
규칙 찾기

달력 속의 규칙을 조금 더 자세히 살펴보자.

일	월	화	수	목	금	토
	1	2	3	4	5	6
7	8	9	10	11	12	13
14	15	16	17	18	19	20
21	22	23	24	25	26	27
28	29	30	31			

달력에서 같은 요일의 날짜는 항상 7씩 커지는 규칙이 있구나!

요일별로 날짜들을 보면 월요일은 1, 8, 15, 22, 29일이고 화요일은 2, 9, 16, 23, 30일이야. 다른 요일들도 주마다 날짜가 7일씩 늘어나. 수리가 달력을 안 보고도 날짜와 요일을 알 수 있겠다고 한 건 바로 이 규칙 때문이야. **같은 요일의 다음 주 날짜는 7씩 커지는 규칙**이 있으니까, 오늘이 금요일이고 12일이라면 다음 주 금요일은 12+7인 19일, 그 다음 주는 19+7인 26일이 되는 거지.

수리와 지수가 할머니 생신 축하 카드를 직접 만들려고 해. 각각 모양 도장으로 카드를 예쁘게 꾸미려는데…

지수가 꾸민 카드 무늬는 어떻게 반복되니? 🌷, 🌷, ♥ 순서로 반복되지? 🌷, 🌷 다음엔 ♥ 도장을 찍어 주면 돼. 카드 테두리를 이 규칙대로 꾸며 보렴.

마찬가지로 수리의 카드 무늬를 살펴보고 어떤 규칙이 있는지, 어떻게 이어서 모양 도장을 찍어야 할지 이야기해 보렴.

우리 집 벽지 무늬랑 화장실 타일도 규칙적으로 되어 있는 것 같아. 또 찾아봐야지.

탄탄 실력 ⑪

❶ 선생님의 말을 잘 보고, 선생님의 생일이 며칠인지 써 보자.

선생님의 생일은 7월 ☐ 일입니다.

❷ 오늘이 8월 3일 토요일이고, 8월 26일이 개학이라면 개학은 무슨 요일에 할지 생각하여 써 보렴.

개학을 하는 날은 ☐ 요일입니다.

핵심 콕콕

알고 있는 요일의 날짜에 7씩 더하면 그 다음 주가 며칠인지 알 수 있어. 3일이 토요일이면 3에 7씩 더한 10일, 17일, 24일이 토요일이야.

❸ 방 벽을 띠 벽지로 화사하게 꾸미려고 해. 규칙에 맞게 색칠해서 띠 벽지를 완성해 보자.

❹ 순서에 따라 바둑돌이 놓인 규칙을 잘 살펴보고, 다섯 번째 바둑판에 놓일 바둑돌의 개수를 써 보렴.

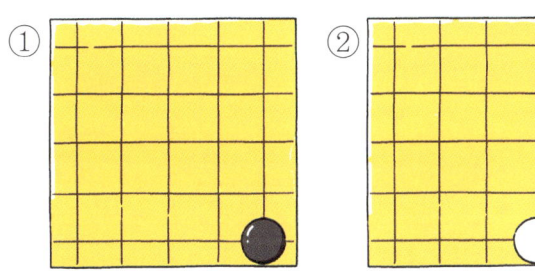

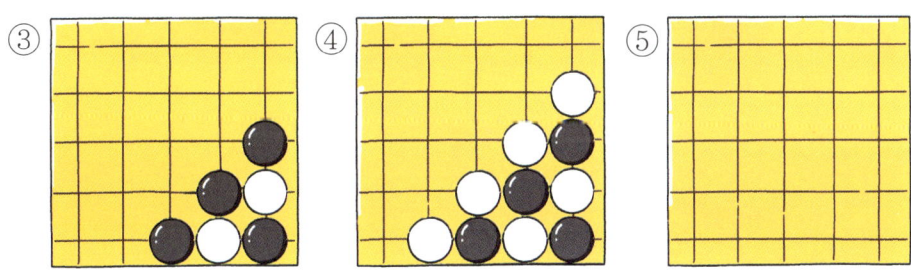

규칙에 맞게 다섯 번째 모양을 만들려면

검정 바둑돌은 ☐ 개, 흰 바둑돌은 ☐ 개가 필요합니다.

핵심 콕콕

흰 바둑돌과 검은 바둑돌의 개수가 몇 개씩 늘어나는지, 어떤 모양으로 놓이는지 잘 살펴보렴.

쏙쏙 개념 ⑫

분류하기

2학년 1학기
분류하기

수리는 엄마와 함께 할머니 생신을 축하 드리러 오실 손님들에 대접할 음식들을 준비하려고 여러 가지 식료품을 파는 대형 슈퍼마켓에 가서 장을 보기로 했어.

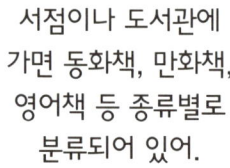
서점이나 도서관에 가면 동화책, 만화책, 영어책 등 종류별로 분류되어 있어.

싱싱한 과일과 채소뿐만 아니라 돼지고기, 쇠고기, 닭고기와 생선, 오징어 등 해산물도 있어. 사야 할 물건들은 찾기 쉽도록 따로따로 나뉘어 있었지. 채소는 채소끼리, 과일은 과일끼리, 생선은 생선끼리, 고기는 고기끼리. 만약 이것저것 섞여 있다면 살 물건을 찾기가 힘들 텐데 이렇게 분류해 놓으면 찾기가 쉽겠지?

대형 슈퍼마켓은 다음과 같이 층별로 파는 물건들이 분류되어 있기도 해.

3층	전자 제품, 도서, 문구
2층	옷, 장난감, 운동 용품
1층	빵, 과자, 라면, 음료수
지하 1층	채소, 과일, 생선, 고기

수리네가 산 물건들을 기준에 따라 분류해 볼래?

🙂 : 먹을 수 있는 것과 없는 걸로 나눌 수 있어요!

🙂 : 단순하긴! 저는 모양별로 나눠 볼래요. 동그란 모양, 길다란 모양, 네모난 모양, 그 밖의 모양.

🙂 : 그러고 보니 먹을 수 있는 것도 바다에서 나는 것과 땅에서 나는 것으로 나눌 수 있겠네요?

하하, 잘했다! 생활을 편리하게 만드는 분류에는 또 어떤 것이 있는지 더 생각해 보렴.

옷장에 겉옷과 속옷을 따로 분류하는 것, 재활용 쓰레기도 종이 따로, 캔 따로, 음식물 따로 분류할 수 있어!

쏙쏙 개념 ⑬

표와 그래프

2학년 2학기
표 만들기

수리 할머니 생신을 축하 드리기 위해 수리네 집에 손님들이 많이 오셨어. 시골에 사시는 수리네 큰고모와 큰고모부, 외국에 살고 계시는 큰아버지, 큰어머니와 사촌 누나. 작은아버지, 작은어머니와 사촌 동생 지훈이, 지연이. 아직 결혼 안 한 막내 고모. 그리고 할머니랑 가장 친하신 동네 어른 두 분도 오셨어. 사는 곳이 모두 달라서 오는 방법도 각각 달랐지.

수리네 온 사람의 수는 모두 12명이야. 외국에서 비행기를 타고 온 사람도 있고, 가까운 동네에서 걸어온 사람도 있어. 그럼 수리네 집에 온 사람의 수를 세어 보고, 교통수단별로 분류하여 표로 만들어 볼까?

교통수단	✈	🚂	🚗	🚌	🚶	계
사람 수(명)	3	2	4	1	2	12

자가용을 타고 온 사람이 가장 많고, 버스를 타고 온 사람은 가장 적지? 이렇게 표로 만들어서 보니까 교통수단별 사람 수를 한눈에 알아볼 수 있어.

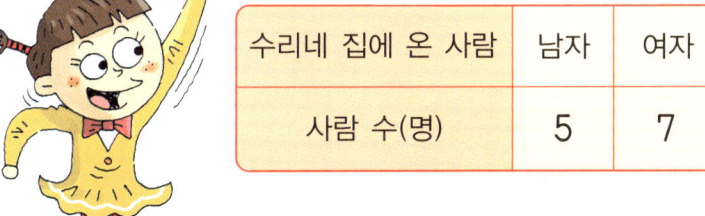

남자와 여자로 분류해서 표를 그리면 이렇게 돼.

수리네 집에 온 사람	남자	여자	계
사람 수(명)	5	7	12

🧑‍🦱 : 우리, 표 만들기 한번 더 해 보자!

👧 : 우리 반 친구들이 태어난 달을 표로 만들어 보는 게 어때? 우선 친구들이 태어난 달을 쭉 조사해 보자.

〈우리 반 친구들이 태어난 달〉

태어난 달(월)	1	2	3	4	5	6	7	8	9	10	11	12	계
사람 수(명)	1	1	3	1	3	1	3	2	2	1	2	4	24

이렇게 표로 만들어 놓고 보니까 각 달마다 태어난 학생이 몇 명인지 찾기 쉽지? 자, 그럼 여기서 퀴즈!

우리 반 친구들 중 7월에 태어난 친구는 몇 명일까? 표에 나와 있는 대로 모두 3명! 어때? 표를 보고 바로 알아내니, 참 쉽지?

표만 보면 1월에 태어난 친구가 1명인 걸 알 수 있지만, 그 친구가 누구인지는 알 수 없으니까 조사한 자료를 찾아봐야겠네.

수리와 지수가 조사도 꼼꼼하게 하고, 표로 정리도 잘 했으니 그래프 그리는 방법까지 알려 줘도 되겠다. 표를 보고 태어난 달의 학생 수만큼 칸을 색칠해 보자.

〈우리 반 친구들이 태어난 달〉

태어난 달(월) \ 사람 수(명)	1	2	3	4	5
12	■	■	■	■	
11	■	■			
10					
9					
8	■	■			
7	■	■	■		
6	■				
5					
4					
3	■	■	■		
2	■				
1					

이렇게 자료를 한눈에 알아보기 쉽게 그림표로 나타낸 것이 그래프야.

자, 여기서 두 번째 퀴즈! 수리, 지수네 반 친구들이 가장 많이 태어난 달은 몇 월일까? 가장 많은 칸이 칠해진 12월이야.

그래프로 보니까, 어느 달에 태어난 사람이 가장 많은지, 적은지를 한눈에 볼 수 있지?

할머니 생신 준비를 하면서 이렇게 수학 공부까지 하고, 수리가 특히 뿌듯하겠구나.

탄탄 실력 12

 수리네 반 친구들이 가장 받고 싶어하는 선물들이야.

① 친구들이 받고 싶은 선물을 표로 완성해 보자.

받고 싶은 선물	📱	⚽	✏️	🥔	🤖	계
사람 수(명)						

② 위의 표를 보고 빈칸을 색칠해 보자.

7					
6					
5					
4					
3					
2					
1					
사람 수(명) / 받고 싶은 선물	📱	⚽	✏️	🥔	🤖

 여러 가지 모양 조각들이 있어.

❶ 모양 조각들을 다음과 같은 기준으로 분류해 조각 수를 센 후 빈칸을 색칠해 보자.

조각 수(개) \ 테두리 모양	삼각형	사각형	오각형	원
7				
6				
5				
4				
3				
2				
1				

❷ 또 다른 기준을 정해 분류한다면 어떻게 할 수 있을까? 직접 기준을 정하고 분류해 보렴.

이야기 수학 ❻

파스칼과 계산기

일상생활에서 편리하게 사용되는 계산기! 계산기를 만든 사람은 누구일까? 그 사람은 바로 프랑스의 수학자 블레즈 파스칼이야.

1640년 파스칼은 세무 관리 공무원으로 일하게 된 아버지를 따라 이사를 갔어. 어느 날, 파스칼은 아버지가 하는 일에 정확하고 빠른 계산이 필요하다는 것을 알게 되었지. 파스칼은 아버지를 돕기 위해 기계를 이용하여 계산하는 과정을 연구하기 시작했어.

파스칼은 연구와 노력을 계속한 끝에 1642년 최초의 기계식 수동 계산기인 '파스칼리느(Pascaline)'를 발명했어. 이 계산기는 상자에 톱니바퀴가 줄지어 있는 모양으로, 톱니바퀴가 서로 맞물려 가면서 덧셈과 뺄셈을 할 수 있는 것이었어. 하나의 톱니바퀴가 한 바퀴를 돌면 옆 톱니바퀴가 살짝 움직이는 원리로 말이야. 덧셈과 뺄셈은 여섯 자리까지 가능했단다.

파스칼은 여기서 그치지 않고 파스칼리느를 더 좋은 계산기로 만들기 위해 끊임없이 노력했어. 1645년 사람들에게 처음 공개하기 전까지 무려 50개의 계산기를 만들어 시험해 볼 정도였지.

파스칼의 계산기 발명은 유럽 전 지역에 큰 영향을 미쳤고, 이후 많은 사람들이 파스칼의 계산기를 발전시키면서 현재 우리가 사용하고 있는 컴퓨터로 발전하게 된 것이란다.

사실 파스칼은 계산기보다 '파스칼의 삼각형'으로 더 유명한 수학자야. 파스칼의 삼각형이란 숫자를 삼각형 모양으로 배열한 것을 말해. 이것은 중국 사람이 먼저 만들었다고 전해지지만, 당시 서양에는 알려지지 않았지. 그러다 파스칼이 이 삼각형에서 흥미로운 성질과 규칙을 많이 발견하면서 '파스칼의 삼각형'이라고 불리게 된 거야.

파스칼의 삼각형에는 어떤 신기한 규칙들이 숨어 있는지 너희가 직접 찾아보렴.

▲ 파스칼리느(Pascaline)

파스칼의 계산기로 알려진 파스칼리느는 최초의 컴퓨터라고 할 수 있다. 최초의 기계식 수동 계산기이며 덧셈, 뺄셈이 가능했다.

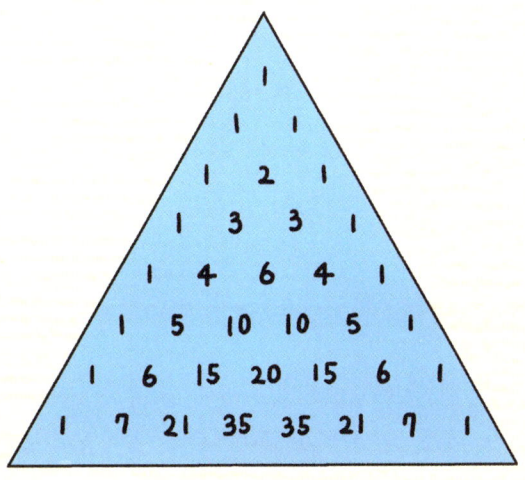

똑똑 수학 일기 ❻

| 날짜 20♡△년 ◇월 ☆◇일 | 날씨 아주 맑음 |

제목 수리 할머니 생신 잔치

오늘 수리 할머니 생신 잔치에서 맛있는 음식을 잔뜩 먹었다. 음식이 뷔페처럼 차려져 있어서 내가 좋아하는 음식을 골라먹을 수 있었다. 초밥은 일식, 갈비랑 잡채는 한식, 탕수육은 중식, 그리고 스파게티와 피자는 양식!

음식들을 종류별로 나눠 보고 몇 가지씩 있는지 그림으로 그려 보니 한식 종류가 가장 많았다. 역시 한국 사람에겐 한식이 최고인 것 같다.

지수가 스스로 많은 공부를 했구나. 우리 주변에서 분류가 필요한 경우는 아주 많아. 이렇게 분류한 것을 표로 나타내면 종류별로 수를 빨리 알 수 있고, 그래프를 보면 어떤 종류가 많은지, 적은지 한눈에 알 수 있단다.

정답 및 예시 답안

18쪽

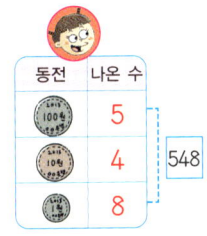

② 수리. 612와 548의 백의 자리 숫자를 비교해 보면 6이 5보다 크므로 612가 548보다 큰 수이다. 따라서 수리가 만든 수 612가 더 크므로 수리가 이겼다.

19쪽

① 500송이. 장미꽃은 한 다발에 100송이씩 묶여 있으므로 5다발이면, 100-200-300-400-500. 즉 장미꽃 5다발은 모두 500송이다.

② 70송이. 570송이. 해바라기는 한 다발에 10송이씩 묶여 있으므로 7다발이면, 10-20-30-40-50-60-70. 즉 70송이다. 따라서 아저씨가 산 모든 꽃의 수는 500+70이므로 570송이다.

24쪽

① 4302. 각 자리 숫자는 모두 다르고 십의 자리 숫자는 일의 자리 숫자보다 작으며, 두 수를 더하면 2라고 했으므로 십의 자리 숫자는 0, 일의 자리 숫자는 2가 된다. 네 자리 숫자를 모두 더하여 9가 되려면 천의 자리 숫자와 백의 자리 숫자의 합이 7이 되어야 하는데, 백의 자리 숫자는 천의 자리 숫자보다 1 작으므로 3이고 천의 자리 숫자는 4이다. 따라서 비밀번호는 4302이다.

② 4902. 100씩 커진다면 백의 자리 숫자가 1씩 커지는 규칙이다.

25쪽

① 한빛 아파트. 천의 자리 숫자가 큰 그린 아파트와 한빛 아파트를 비교한다. 2329와 2340은 천의 자리 숫자와 백의 자리 숫자가 같으므로 십의 자리 숫자를 비교한다. 2보다 4가 크므로 한빛 아파트의 사람 수가 가장 많다.

② 호수 아파트. 천의 자리 숫자가 작은 장미 아파트와 호수 아파트를 비교한다. 1443과 1045는 천의 자리 숫자가 같으므로 백의 자리 숫자끼리 비교한다. 4보다 0이 작으므로 호수 아파트의 사람 수가 가장 적다.

③ 한빛 아파트, 그린 아파트, 장미 아파트, 호수 아파트

38쪽

① 93, 71

② 9371.
비밀번호는 34와 59의 합 ▲■, 14와 57의 합 ●★을 붙여 쓴 네 자리 수 ▲■●★이다. ▲■는 93, ●★은 71이므로 ▲■●★은 9371이다.

39쪽

① 63명

② 67명

③ 130명. 하루 동안에 상담 센터를 방문한 어린이는 오전에 방문한 어린이 63명과 오후에 방문한 어

린이 67명의 합이므로, 63+67 =130명이다.

45쪽 ❶ 20, 54, 49
❷ 4, 70, 49

50쪽 ❶ 9초

❷ 7초

❸ 4초. 남자 친구의 두 번째 기록은 27초, 여자 친구의 두 번째 기록은 31초이므로 둘의 기록을 비교했을 때, 31-27=4초이다. 따라서 남자 친구의 기록이 4초 더 빠르다.

51쪽 ❶ 68머니

❷ 53머니

❸ 19머니, 17머니.
수리가 산 선물 값의 합은 12+25+31=68머니, 지수가 산 선물 값의 합은 13+21+19 =53머니이다. 따라서 수리의 남은 해피머니는 87-68=19머니, 지수의 남은 해피머니는 70-53=17머니이다.

63쪽 4, 6, 4, 6, 4, 6, 24

64쪽 ❶ ①5 ②10, 10 ③15, 15 ④20, 20

❷ ①6 ②12, 12 ③18, 18

65쪽 ❶ 호두 알의 수를 덧셈으로 나타내면 7+7+7+7+7+7+7=49이고, 곱셈식으로 나타내면 7×7=49개이다. 땅콩 꼬투리의 수를 덧셈식으로 나타내면 8+8+8+8+8+8+8=56이고, 곱셈식으로 나타내면 8×7=56

개이다.

❷ (예시) 토람이는 열심히 모은 도토리의 개수를 세기 위해 6개씩 한 줄로 늘어 놓았어요. 그랬더니 무려 9줄이나 되었지요. 과연 토람이가 모은 도토리의 개수는 모두 몇 개일까요?

74쪽 ❶ 스케치북: 2 × 9 = 18, 18 권
공책: 3 × 7 = 21, 21 권

❷ 지우개: 4 × 6 = 24, 24 개
연필: 5 × 8 = 40, 40 자루

75쪽 ❶ ①초록 상자: 6 × 7 = 42 개
②파란 상자: 7 × 5 = 35 개
③노란 상자: 9 × 4 = 36 개

❷ 초록 상자, 노란 상자, 파란 상자

90쪽

91쪽 ❶

❷
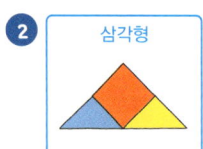 

96쪽 ❶ ①5 ②6 ③5
①5 ②5 ③4

❷ 지수, 2개

❸

97쪽 ❶ (10개)

❷

114쪽 ❶ ②

❷

115쪽 ❸ ①8, 8센티미터 ②11, 11센티미터
③9, 9센티미터

❹
사람	키	열차를 탈 수 있는 사람
	1m 32cm	○
	1m 26cm	4cm
	1m 65cm	○

122쪽 ❶

❷ 20, 40, 2, 45

123쪽 ❶ 8, 21, 화
❷ 8, 28, 화

132쪽 ❶ 19
❷ 월

133쪽 ❸

❹ 9, 6

140쪽 ❶
받고 싶은 선물	📱	⚽	✏️	🍓	🤖	계
사람 수(명)	7	5	2	4	6	24

❷
7					
6					
5					
4					
3					
2					
1					
사람 수(명) / 받고 싶은 선물	📱	⚽	✏️	🍓	🤖

141쪽 ❶
7				
6				
5				
4				
3				
2				
1				
조각 수(개) / 테두리 모양	삼각형	사각형	오각형	원

❷ 모양 조각에 있는 구멍의 개수를 기준으로 분류한다면, 구멍이 없는 모양 조각은 6, 구멍이 1개인 모양 조각은 8, 구멍이 2개인 모양 조각은 4개이다. 그 밖에도 색깔 등을 기준으로 분류할 수 있다.

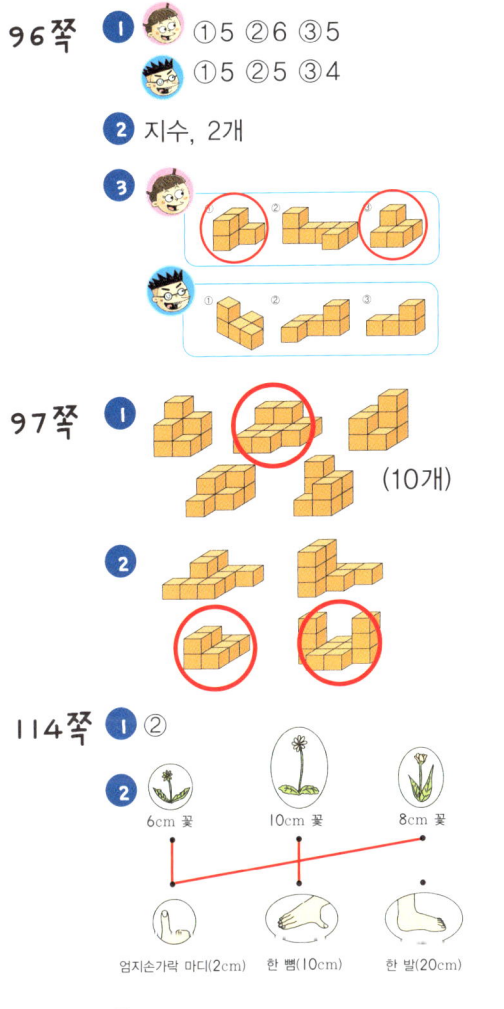

글 서울교대 초등수학연구회(SEMC)
서울교대 초등수학연구회는 신항균 총장님과 서울교대 교육대학원 초등수학교육과 졸업생 선생님들이
아이들에게 수학을 쉽고 재미있게 가르치는 방법을 연구하는 모임입니다.
2000년부터 시작된 이 연구 모임은 초등수학과 교육과정 및 교육방법 등을 연구하며,
초등학생을 위한 수학 학습법 및 현직 교사들을 위한 교수법 개발 등의 다양한 활동을 하고 있습니다.

그림 엔싹(이창우, 류준문)
(주)엔싹엔터테인먼트는 멀티미디어 콘텐츠 전문 개발 기업입니다. 미디어, 전시, 온라인 사업을 하고 있으며
신선하고 창의적인 기획을 하기 위해 노력합니다. 국내 이미지 콘텐츠를 제작하는 인력을 양성하고
해외 시장 진출을 돕는 'ILLUSTWAY' 브랜드를 만들어 일러스트레이터 에이전시 사업을 함께 하고 있습니다.

서울교대 초등수학연구회 글 | (주)엔싹(이창우, 류준문) 그림

1판 6쇄 펴낸날 2022년 5월 25일
펴낸이 강경태 | 펴낸곳 녹색지팡이&프레스(주)
등록번호 제16-3459호 | 주소 서울시 강남구 테헤란로84길 12
전화 (02) 2192-2200 | 팩스 (02) 2192-2399

* 사진 출처: 위키피디아 외
* 출처가 확인되지 않은 사진 자료는 확인되는 대로 조치를 하겠습니다. 연락 주시기 바랍니다.

Copyright ⓒ 서울교육대학교, 2013

이 책의 출판권은 저작권자와 독점 계약한 녹색지팡이&프레스에 있습니다.
신저작권법에 의해 보호를 받는 저작물이므로 무단 전재와 무단 복제를 금합니다.

ISBN 978-89-94780-45-0 63410